高等职业学校“十四五”规划土建类工学结合系列教材

建筑工程计量与计价实训

（第二版）

主　编　张红霞　龙云云　施秀凤

华中科技大学出版社
中国·武汉

内 容 简 介

本书安排了常用的 8 个实训项目，分别是脚手架工程、土石方工程、桩基础工程、砌筑工程、混凝土及钢筋混凝土工程、门窗工程、屋面及防水工程、保温隔热工程、模板及其他措施项目，每个实训项目均采用定额计价与清单计价两种计价方式。

本书内容翔实，参考现行国家规范标准，结合实际工程案例，思路清晰，重点突出，通俗易懂。本书具有较强的指导性和针对性，可作为高等职业教育工程造价专业的一本实训指导和案例书。

图书在版编目(CIP)数据

建筑工程计量与计价实训/张红霞，龙云云，施秀凤主编. —2 版. —武汉：华中科技大学出版社，2023.7
ISBN 978-7-5680-9204-3

Ⅰ. ①建…　Ⅱ. ①张…　②龙…　③施…　Ⅲ. ①建筑工程-计量-高等职业教育-教材　②建筑造价-高等职业教育-教材　Ⅳ. ①TU723.3

中国国家版本馆 CIP 数据核字(2023)第 136120 号

建筑工程计量与计价实训(第二版)
Jianzhu Gongcheng Jiliang Yu Jijia Shixun(Di-er Ban)

张红霞　龙云云　施秀凤　主编

策划编辑：金　紫
责任编辑：陈　骏
封面设计：原色设计
责任校对：刘小雨
责任监印：朱　玢
出版发行：华中科技大学出版社(中国·武汉)　　电话：(027)81321913
　　　　　武汉市东湖新技术开发区华工科技园　　邮编：430223
录　　排：华中科技大学惠友文印中心
印　　刷：武汉市洪林印务有限公司
开　　本：787mm×1092mm　1/16
印　　张：10.5
字　　数：272 千字
版　　次：2023 年 7 月第 2 版第 1 次印刷
定　　价：49.80 元

华中出版

本书若有印装质量问题，请向出版社营销中心调换
全国免费服务热线：400-6679-118　竭诚为您服务

第二版前言

习近平总书记在二十大报告中提出，教育、科技、人才是全面建设社会主义现代化国家的基础性、战略性支撑。必须深入实施科教兴国战略、人才强国战略、创新驱动发展战略，开辟发展新领域新赛道，不断塑造发展新动能新优势。

本书是结合高等职业教育土建工程管理类专业人才培养需求，以“教、学、做”模式为手段，以强化学生实践操作能力和职业能力为核心目的编写的一本实训指导和案例书。本书始终坚持中国共产党的领导，培养新时代青年大学生务必不忘初心、牢记使命的社会责任感，务必谦虚谨慎、艰苦奋斗的朴素情怀，务必敢于奋斗、善于斗争的坚定信念，通过理论知识学习和实操训练培养学生的创新思维、劳动精神和工匠精神，提升工程造价计量与计价的专业技能，为工程造价的确定与控制奠定基础，为国家的基础建设和人民安居乐业的幸福生活贡献力量。

本书设置具体项目的定额和清单计量与计价实操环节，分别是脚手架工程，土石方工程，桩基础工程，砌筑工程，混凝土及钢筋混凝土工程，门窗工程，屋面及防水工程、保温隔热工程，模板及其他措施项目工程等。附有 3 个附录，分别是附录 1 招标控制价编制表格、附录 2 招标控制价编制计价文件和附录 3 广州市某办公楼设计图。本书的各个实操项目都有示范、有规范的计算过程，便于学生养成严谨、严肃的职业精神。

本书使用现行的国标规范与行业接轨，使用广东省的地方综合定额，人工、材料、机械采用广州市 2022 年 6 月的信息指导价格。参考资料有《建设工程工程量清单计价规范》(GB50500—2013)、《房屋建筑与装饰工程工程量计算规范》(GB50854—2013)和《广东省房屋建筑与装饰工程综合定额》(2018)等。

本书由张红霞、龙云云、施秀凤担任主编，卢春燕、袁燕、喻甜香担任副主编，郑锦前、蒋艳芳、马冲、罗秀鸣、李钰雪等老师参与编写。另外在本书的编写过程中得到了广州城建职业学院的领导和华联世纪工程咨询有限公司李惠君工程师的大力支持，谨此一并感谢！

我国工程造价的理论和实践正处于高质量发展时期，开发教材信息化资源、及时动态更新教材内容任重道远，但由于时间仓促，书中难免有不足之处，敬请广大师生和读者指正！

编者

2023 年 5 月

目　　录

办公楼实训指导书 …………………………………………………………………………（1）

项目 1a　脚手架工程定额计价 …………………………………………………………（2）

项目 1b　脚手架工程清单计价 …………………………………………………………（5）

项目 2a　土石方工程定额计价 …………………………………………………………（11）

项目 2b　土石方工程清单计价 …………………………………………………………（17）

项目 3a　桩基础工程定额计价 …………………………………………………………（26）

项目 3b　桩基础工程清单计价 …………………………………………………………（29）

项目 4a　砌筑工程定额计价 ……………………………………………………………（35）

项目 4b　砌筑工程清单计价 ……………………………………………………………（40）

项目 5a　混凝土及钢筋混凝土工程定额计价 …………………………………………（48）

项目 5b　混凝土及钢筋混凝土工程清单计价 …………………………………………（56）

项目 6a　门窗工程定额计价 ……………………………………………………………（67）

项目 6b　门窗工程清单计价 ……………………………………………………………（70）

项目 7a　屋面及防水工程、保温隔热工程定额计价 ……………………………………（76）

项目 7b　屋面及防水工程、保温隔热工程清单计价 ……………………………………（79）

项目 8a　模板及其他措施项目定额计价 ………………………………………………（86）

项目 8b　模板及其他措施项目清单计价 ………………………………………………（93）

附录 1　招标控制价编制表格 ……………………………………………………………（103）

附录 2　招标控制价编制计价文件 ………………………………………………………（119）

附录 3　广州市某办公楼设计图 …………………………………………………………（143）

办公楼实训指导书

项目 1a 脚手架工程定额计价

1. 实训目的

1)能读懂建筑设计总说明、工程做法表和建筑施工图(平面、立面、剖面、详图)。

2)能根据办公楼图纸计算建筑面积、脚手架工程定额工程量,并能计算出定额分部分项工程费用。

3)熟练把握建筑面积、脚手架工程手工计量与计价的方法和技巧。

2. 实训内容

1)计算首层、二层、三层建筑面积并汇总。

2)计算外墙综合脚手架、里脚手架、满堂脚手架及单排脚手架工程量。

3)查找上述分项工程的定额子目。

4)计算定额分部分项工程费。

3. 编制依据

1)办公楼工程建筑结构施工图。

2)《广东省房屋建筑与装饰工程综合定额》(2018)(上册、中册、下册)。

4. 实训步骤

1)熟悉办公楼工程图纸,了解项目概况,搜集各种编制依据及资料。

2)根据办公楼施工方法和施工说明,重点注意脚手架的搭设高度,垂直面积、建筑面积、净面积的定义。

3)根据综合定额各章说明和计算规则,找出相应的综合定额子目。

4)根据所套用的定额子目计算出定额分部分项工程费。

5. 定额工程量计算表

按给定的计算表格填写。

6. 定额措施项目预算表

按给定的预算表格填写,并汇总计算出脚手架工程措施项目费用。

定额工程量计算表

工程名称:广州市某办公楼　　　　第 1 页　　共 1 页

序号	定额编号	项目名称 或轴线位置说明	工程量计算式	计量 单位	工程 量
1		总建筑面积		m^2	578.38
		首层建筑面积	6.8×10.5+9×12	m^2	179.40
		小计		m^2	
2	A1-21-3	外墙综合钢脚手架		100 m^2	7.7645
		综合钢脚手架	(12+1.5+15.8)×2×(0.15+12+1.1)	m^2	776.45

定额措施项目预算表

工程名称:广州市某办公楼　　　　第1页　共1页

序号	定额编号	子目名称	计量单位	工程量	定额基价/元	合价/元
1	A1-21-3	综合钢脚手架搭拆高度(20.5 m以内)	100 m^2	7.7645	2619.23	20337.01
本页小计						

项目 1b 脚手架工程清单计价

1. 实训目的

1)能读懂建筑设计总说明、工程做法表和建筑施工图(平面、立面、剖面、详图)。

2)能根据《房屋建筑与装饰工程工程量计算规范》(GB 50854—2013)(以下简称清单规范)计算规则计算脚手架工程清单工程量,并能计算出清单分部分项工程费用。

3)熟练把握脚手架工程手工计量与计价的方法和技巧。

2. 实训内容

1)计算外墙综合脚手架、里脚手架、满堂脚手架及单排脚手架工程量。

2)根据《房屋建筑与装饰工程工程量计算规范》(GB 50854—2013)查找上述分项工程的清单编码、填写项目特征、计量单位,编制分部分项工程和单价措施项目清单与计价表。

3)计算分部分项工程费和综合单价。

3. 编制依据

1)办公楼工程建筑结构施工图。

2)《房屋建筑与装饰工程工程量计算规范》(GB 50854—2013)。

3)《广东省房屋建筑与装饰工程综合定额》(2018)(上册、中册、下册)。

4)《广东省建筑与装饰工程工程量清单计价指引》(2013)(以下称计价指引)。

5)《广东省建设工程施工机具台班费用编制规则》(2018)。

4. 实训步骤

1)熟悉办公楼工程图纸,了解项目概况,搜集各种编制依据及资料。

2)根据办公楼施工方法和施工说明,重点注意脚手架的搭设高度,垂直面积、建筑面积、净面积的定义。

3)根据计价指引的要求,确定项目编码、项目特征及计量单位、工程内容,计算清单工程量。

4)根据综合定额(2018 下册)各章说明和计算规则,找出相应的综合定额子目。

5)计算措施项目费和综合单价。

5. 清单工程量计算表

按给定的计算表格填写。

6. 分部分项工程和单价措施项目清单与计价表

按给定的计算表格填写,并汇总计算脚手架工程措施项目费用。

7. 分部分项工程量综合单价分析表

按给定的表格填写,计算分项工程综合单价。

清单工程量计算表

工程名称:广州市某办公楼　　　　　　　　　　　　　　　　　　　　第1页　　共1页

序号	清单编码	项目名称 或轴线位置说明	工程量计算式	计量单位	工程量
1	粤 011701008001	综合钢脚手架	(12+1.5+15.8)×2×(0.15+12+1.1)	m^2	776.45

分部分项工程和单价措施项目清单与计价表

工程名称:广州市某办公楼　　　　　　　　　　　　　　　　　第1页　　共1页

序号	项目编码	项目名称	项目特征描述	计量单位	工程量	金额/元		
						综合单价	合价	其中:暂估价
		011701 脚手架工程						
1	粤 011701008001	综合钢脚手架	1.钢筋混凝土框架结构 2.檐口高度:12.15 m	m^2	776.45	31.76	24660.05	
本页小计								

分部分项工程量综合单价分析表

工程名称:广州市某办公楼　　　　第　页　共　页

项目编码	粤 011701008002	项目名称	综合钢脚手架	计量单位	m^2	工程量	776.45

清单综合单价组成明细											
定额编号	定额项目名称	定额单位	数量	单价/元				合价/元			
				人工费	材料费	机具费	管理费和利润	人工费	材料费	机具费	管理费和利润
A1-21-3	综合钢脚手架搭拆高度(20.5 m以内)	100 m^2	0.01	1727.9	579.96	189.06	678.99	17.28	5.8	1.89	6.79
人工调整系数		小计						17.28	5.8	1.89	6.79
		未计价材料费									
清单项目综合单价								31.76			

	主要材料名称、规格、型号	单位	数量	单价/元	合价/元	暂估单价/元	暂估合价/元
材料费明细	其他材料费	元	0.5008	1	0.5		
	酚醛红丹防锈漆	kg	0.1455	17.24	2.51		
	密目式阻燃安全网	m^2	0.268	8.5	2.28		
	其他			—	0.52	—	
	材料费小计			—	5.81	—	

分部分项工程量综合单价分析表

工程名称：　　　　　　　　　　　　　　　　　　　　　　　　第　页　　共　页

<table>
<tr><td colspan="2">项目编码</td><td colspan="2"></td><td>项目名称</td><td colspan="3"></td><td>计量单位</td><td></td><td>工程量</td><td></td></tr>
<tr><td colspan="12">清单综合单价组成明细</td></tr>
<tr><td rowspan="2">定额编号</td><td rowspan="2">定额项目名称</td><td rowspan="2">定额单位</td><td rowspan="2">数量</td><td colspan="4">单价</td><td colspan="4">合价</td></tr>
<tr><td>人工费</td><td>材料费</td><td>机具费</td><td>管理费和利润</td><td>人工费</td><td>材料费</td><td>机具费</td><td>管理费和利润</td></tr>
<tr><td></td><td></td><td></td><td></td><td></td><td></td><td></td><td></td><td></td><td></td><td></td><td></td></tr>
<tr><td></td><td></td><td></td><td></td><td></td><td></td><td></td><td></td><td></td><td></td><td></td><td></td></tr>
<tr><td></td><td></td><td></td><td></td><td></td><td></td><td></td><td></td><td></td><td></td><td></td><td></td></tr>
<tr><td></td><td></td><td></td><td></td><td></td><td></td><td></td><td></td><td></td><td></td><td></td><td></td></tr>
<tr><td colspan="2">人工调整系数</td><td colspan="6">小计</td><td></td><td></td><td></td><td></td></tr>
<tr><td colspan="2"></td><td colspan="6">未计价材料费</td><td colspan="4"></td></tr>
<tr><td colspan="8">清单项目综合单价</td><td colspan="4"></td></tr>
<tr><td rowspan="13">材料费明细</td><td colspan="5">主要材料名称、规格、型号</td><td>单位</td><td>数量</td><td>单价/元</td><td>合价/元</td><td>暂估单价/元</td><td>暂估合价/元</td></tr>
<tr><td colspan="5"></td><td></td><td></td><td></td><td></td><td></td><td></td></tr>
<tr><td colspan="5"></td><td></td><td></td><td></td><td></td><td></td><td></td></tr>
<tr><td colspan="5"></td><td></td><td></td><td></td><td></td><td></td><td></td></tr>
<tr><td colspan="5"></td><td></td><td></td><td></td><td></td><td></td><td></td></tr>
<tr><td colspan="5"></td><td></td><td></td><td></td><td></td><td></td><td></td></tr>
<tr><td colspan="5"></td><td></td><td></td><td></td><td></td><td></td><td></td></tr>
<tr><td colspan="5"></td><td></td><td></td><td></td><td></td><td></td><td></td></tr>
<tr><td colspan="5"></td><td></td><td></td><td></td><td></td><td></td><td></td></tr>
<tr><td colspan="5"></td><td></td><td></td><td></td><td></td><td></td><td></td></tr>
<tr><td colspan="5"></td><td></td><td></td><td></td><td></td><td></td><td></td></tr>
<tr><td colspan="5">其他材料费</td><td></td><td></td><td></td><td></td><td></td><td></td></tr>
<tr><td colspan="5">材料费小计</td><td></td><td></td><td></td><td></td><td></td><td></td></tr>
</table>

分部分项工程量综合单价分析表

工程名称： 第 页 共 页

项目编码			项目名称				计量单位			工程量	
清单综合单价组成明细											
定额编号	定额项目名称	定额单位	数量	单价				合价			
				人工费	材料费	机具费	管理费和利润	人工费	材料费	机具费	管理费和利润
人工调整系数		小计									
		未计价材料费									
清单项目综合单价											
材料费明细	主要材料名称、规格、型号					单位	数量	单价/元	合价/元	暂估单价/元	暂估合价/元
	其他材料费										
	材料费小计										

项目 2a　土石方工程定额计价

1. 实训目的

1)能读懂建筑设计总说明、工程做法表和建筑施工图(平面、立面、剖面、详图)。

2)能结合实际工程进行土石方工程定额工程量计算,并能计算出定额分部分项工程费用。

3)熟练把握土石方工程手工计量与计价的方法和技巧。

2. 实训内容

1)计算平整场地、原土夯实、人工挖沟槽基坑、人工装汽车运余土、回填土的定额工程量。本工程土壤类别按三类土计算,考虑工作面和放坡;采用人工挖土方及人工素土夯实,挖土机装土自卸汽车运土,运距 5 km。

2)查找上述分项工程的定额子目。

3)计算分部分项工程费。

3. 编制依据

1)办公楼工程建筑结构施工图。

2)《广东省房屋建筑与装饰工程综合定额》(2018)(上册、中册、下册)。

3)《广东省建设工程施工机具台班费用编制规则》(2018)。

4. 实训步骤

1)熟悉办公楼工程图纸,了解项目概况,搜集各种编制依据及资料。

2)根据办公楼施工方法和施工说明,分析土石方工程的挖土类型。

3)根据综合定额各章说明和计算规则,找出相应的综合定额子目。

4)根据所套用的定额子目计算出定额分部分项工程费。

5. 定额工程量计算表

按给定的计算表格填写。

6. 定额分部分项工程预算表

按给定的预算表格填写,并汇总计算出土石方工程定额分部分项工程总费用。

定额工程量计算表

工程名称:广州市某办公楼　　　　　　　　　　　　第 1 页　　共 4 页

序号	定额编号	项目名称 或轴线位置说明	工程量计算式	计量 单位	工程 量
1	A1-1-1	平整场地	12×15.8−6.8×1.5	100 m^2	1.794
2	A1-1-2	原土夯实	12×15.8−6.8×1.5	m^2	179.4
3	A1-1-12	人工挖基坑三类土深度在 2 m 以内		m^3	77.65
		ZJ2	(0.3+0.1+1.75+0.1+0.3)×(0.3+0.1+0.7+0.1+0.3)×1.45×14	m^3	77.65

定额工程量计算表

工程名称:广州市某办公楼　　　　　　　　　　　　　　　　　　第 2 页　　共 4 页

序号	定额编号	项目名称或轴线位置说明	工程量计算式	计量单位	工程量

定额工程量计算表

工程名称:广州市某办公楼　　　　第 3 页　　共 4 页

序号	定额编号	项目名称 或轴线位置说明	工程量计算式	计量 单位	工程 量

定额工程量计算表

工程名称:广州市某办公楼　　　　第 4 页　　共 4 页

序号	定额编号	项目名称 或轴线位置说明	工程量计算式	计量 单位	工程 量

定额分部分项工程预算表

工程名称:广州市某办公楼　　　　第1页　　共1页

序号	定额编号	子目名称	计量单位	工程量	定额基价/元	合价/元
1	A1-1-1	平整场地	100 m^2	1.794	196.09	351.79
2	A1-1-2	原土打夯 人工夯实	100 m^2	1.794	226.77	406.83
本页小计						

项目 2b　土石方工程清单计价

1. 实训目的

1)能读懂建筑设计总说明、工程做法表和建筑施工图(平面、立面、剖面、详图)。

2)能根据《房屋建筑与装饰工程工程量计算规范》(GB 50854—2013)计算土石方工程清单工程量,并能计算出清单分部分项工程费用。

3)熟练把握土石方工程手工计量与计价的方法和技巧。

2. 实训内容

1)计算平整场地、挖基坑、挖沟槽、余方弃置和回填土工程量。本工程土壤类别按三类土计算;采用人工挖土方及素土夯实,挖土机装土自卸汽车运土,运距 5 km;采用人工夯实回填土。

2)根据《房屋建筑与装饰工程工程量计算规范》(GB 50854—2013)查找上述分项工程的清单编码、填写项目特征、计量单位,编制分部分项工程和单价措施项目清单与计价表。

3)计算分部分项工程费和综合单价。

3. 编制依据

1)办公楼工程建筑结构施工图。

2)《房屋建筑与装饰工程工程量计算规范》(GB 50854—2013)。

3)《广东省房屋建筑与装饰工程综合定额》(2018)(上册、中册、下册)。

4)《广东省建筑与装饰工程工程量清单计价指引》(2013)(以下称计价指引)。

5)《广东省建设工程施工机具台班费用编制规则》(2018)。

4. 实训步骤

1)熟悉办公楼工程图纸,了解项目概况,搜集各种编制依据及资料。

2)根据办公楼施工方法和施工说明,重点注意基坑沟槽的挖土深度,室外地坪以下的埋设物的体积。

3) 根据计价指引的要求,确定项目编码、项目特征及计量单位、工程内容,计算清单工程量。

4)根据综合定额各章说明和计算规则,找出相应的综合定额子目。

5)计算措施项目费和综合单价。

5. 清单工程量计算表

按给定的计算表格填写。

6. 分部分项工程和单价措施项目清单与计价表

按给定的计算表格填写,并汇总计算土石方工程分部分项工程费用。

7. 分部分项工程量综合单价分析表

按给定的表格填写,计算分项工程综合单价。

清单工程量计算表

工程名称:广州市某办公楼　　　　　　　　　　　　　　　　　　　第1页　　共4页

序号	清单编码	项目名称或轴线位置说明	工程量计算式	计量单位	工程量
1	010101001001	平整场地	12×15.8−6.8×1.5	m^2	179.4
2	010101004001	挖基坑土方		m^3	77.65
		ZJ2	(0.3+0.1+1.75+0.1+0.3)×(0.3+0.1+0.7+0.1+0.3)×1.45×14	m^3	77.65

清单工程量计算表

工程名称:广州市某办公楼 第 2 页 共 4 页

序号	清单编码	项目名称或轴线位置说明	工程量计算式	计量单位	工程量

清单工程量计算表

工程名称:广州市某办公楼　　　　　　　　　　　　　　　　　　　　　　第 3 页　　共 4 页

序号	清单编码	项目名称 或轴线位置说明	工程量计算式	计量 单位	工程 量

清单工程量计算表

工程名称:广州市某办公楼　　　　第4页　　共4页

序号	清单编码	项目名称 或轴线位置说明	工程量计算式	计量 单位	工程 量

分部分项工程和单价措施项目清单与计价表

工程名称:广州市某办公楼　　　　　　　　　　　　　　　　　　第1页　　共1页

序号	项目编码	项目名称	项目特征描述	计量单位	工程量	金额/元		
						综合单价	合价	其中:暂估价
		0101 土石方工程						
1	010101001001	平整场地	土壤类别:三类土	m^2	179.4	5.29	949.03	
本页小计								

分部分项工程量综合单价分析表

工程名称：广州市某办公楼　　　　　　　　　　　　　　　　第　页　共　页

项目编码		010101001001		项目名称		平整场地		计量单位	m²	工程量	179.4
清单综合单价组成明细											
定额编号	定额项目名称	定额单位	数量	单价/元				合价/元			
				人工费	材料费	机具费	管理费和利润	人工费	材料费	机具费	管理费和利润
A1-1-1	平整场地	100 m²	0.01	15.01		162.02	62.85	0.15		1.62	0.63
A1-1-2	原土打夯人工夯实	100 m²	0.01	213.54			75.81	2.14			0.76
人工调整系数		小计						2.29		1.62	1.39
		未计价材料费									
清单项目综合单价								5.29			
材料费明细	主要材料名称、规格、型号			单位		数量		单价/元	合价/元	暂估单价/元	暂估合价/元
	其他材料费										
	材料费小计										

分部分项工程量综合单价分析表

工程名称：　　　　　　　　　　　　　　　　　　　　　　　　　第　页　共　页

<table>
<tr><td colspan="2">项目编码</td><td colspan="2"></td><td>项目名称</td><td colspan="2"></td><td>计量单位</td><td colspan="2"></td><td>工程量</td><td></td></tr>
<tr><td colspan="12">清单综合单价组成明细</td></tr>
<tr><td rowspan="2">定额编号</td><td rowspan="2">定额项目名称</td><td rowspan="2">定额单位</td><td rowspan="2">数量</td><td colspan="4">单价</td><td colspan="4">合价</td></tr>
<tr><td>人工费</td><td>材料费</td><td>机具费</td><td>管理费和利润</td><td>人工费</td><td>材料费</td><td>机具费</td><td>管理费和利润</td></tr>
<tr><td></td><td></td><td></td><td></td><td></td><td></td><td></td><td></td><td></td><td></td><td></td><td></td></tr>
<tr><td></td><td></td><td></td><td></td><td></td><td></td><td></td><td></td><td></td><td></td><td></td><td></td></tr>
<tr><td></td><td></td><td></td><td></td><td></td><td></td><td></td><td></td><td></td><td></td><td></td><td></td></tr>
<tr><td></td><td></td><td></td><td></td><td></td><td></td><td></td><td></td><td></td><td></td><td></td><td></td></tr>
<tr><td colspan="2">人工调整系数</td><td colspan="6">小计</td><td></td><td></td><td></td><td></td></tr>
<tr><td colspan="2"></td><td colspan="6">未计价材料费</td><td colspan="4"></td></tr>
<tr><td colspan="8">清单项目综合单价</td><td colspan="4"></td></tr>
<tr><td rowspan="13">材料费明细</td><td colspan="5">主要材料名称、规格、型号</td><td>单位</td><td>数量</td><td>单价/元</td><td>合价/元</td><td>暂估单价/元</td><td>暂估合价/元</td></tr>
<tr><td colspan="5"></td><td></td><td></td><td></td><td></td><td></td><td></td></tr>
<tr><td colspan="5"></td><td></td><td></td><td></td><td></td><td></td><td></td></tr>
<tr><td colspan="5"></td><td></td><td></td><td></td><td></td><td></td><td></td></tr>
<tr><td colspan="5"></td><td></td><td></td><td></td><td></td><td></td><td></td></tr>
<tr><td colspan="5"></td><td></td><td></td><td></td><td></td><td></td><td></td></tr>
<tr><td colspan="5"></td><td></td><td></td><td></td><td></td><td></td><td></td></tr>
<tr><td colspan="5"></td><td></td><td></td><td></td><td></td><td></td><td></td></tr>
<tr><td colspan="5"></td><td></td><td></td><td></td><td></td><td></td><td></td></tr>
<tr><td colspan="5"></td><td></td><td></td><td></td><td></td><td></td><td></td></tr>
<tr><td colspan="5"></td><td></td><td></td><td></td><td></td><td></td><td></td></tr>
<tr><td colspan="5">其他材料费</td><td></td><td></td><td></td><td></td><td></td><td></td></tr>
<tr><td colspan="5">材料费小计</td><td></td><td></td><td></td><td></td><td></td><td></td></tr>
</table>

分部分项工程量综合单价分析表

工程名称：　　　　　　　　　　　　　　　　　　　　　　　　第　页　共　页

<table>
<tr><td colspan="2">项目编码</td><td colspan="2"></td><td>项目名称</td><td colspan="2"></td><td>计量单位</td><td colspan="2"></td><td>工程量</td><td></td></tr>
<tr><td colspan="12">清单综合单价组成明细</td></tr>
<tr><td rowspan="2">定额编号</td><td rowspan="2">定额项目名称</td><td rowspan="2">定额单位</td><td rowspan="2">数量</td><td colspan="4">单价</td><td colspan="4">合价</td></tr>
<tr><td>人工费</td><td>材料费</td><td>机具费</td><td>管理费和利润</td><td>人工费</td><td>材料费</td><td>机具费</td><td>管理费和利润</td></tr>
<tr><td></td><td></td><td></td><td></td><td></td><td></td><td></td><td></td><td></td><td></td><td></td><td></td></tr>
<tr><td></td><td></td><td></td><td></td><td></td><td></td><td></td><td></td><td></td><td></td><td></td><td></td></tr>
<tr><td></td><td></td><td></td><td></td><td></td><td></td><td></td><td></td><td></td><td></td><td></td><td></td></tr>
<tr><td></td><td></td><td></td><td></td><td></td><td></td><td></td><td></td><td></td><td></td><td></td><td></td></tr>
<tr><td colspan="2">人工调整系数</td><td colspan="6">小计</td><td></td><td></td><td></td><td></td></tr>
<tr><td colspan="2"></td><td colspan="6">未计价材料费</td><td colspan="4"></td></tr>
<tr><td colspan="8">清单项目综合单价</td><td colspan="4"></td></tr>
<tr><td rowspan="13">材料费明细</td><td colspan="5">主要材料名称、规格、型号</td><td>单位</td><td>数量</td><td>单价/元</td><td>合价/元</td><td>暂估单价/元</td><td>暂估合价/元</td></tr>
<tr><td colspan="5"></td><td></td><td></td><td></td><td></td><td></td><td></td></tr>
<tr><td colspan="5"></td><td></td><td></td><td></td><td></td><td></td><td></td></tr>
<tr><td colspan="5"></td><td></td><td></td><td></td><td></td><td></td><td></td></tr>
<tr><td colspan="5"></td><td></td><td></td><td></td><td></td><td></td><td></td></tr>
<tr><td colspan="5"></td><td></td><td></td><td></td><td></td><td></td><td></td></tr>
<tr><td colspan="5"></td><td></td><td></td><td></td><td></td><td></td><td></td></tr>
<tr><td colspan="5"></td><td></td><td></td><td></td><td></td><td></td><td></td></tr>
<tr><td colspan="5"></td><td></td><td></td><td></td><td></td><td></td><td></td></tr>
<tr><td colspan="5"></td><td></td><td></td><td></td><td></td><td></td><td></td></tr>
<tr><td colspan="5"></td><td></td><td></td><td></td><td></td><td></td><td></td></tr>
<tr><td colspan="5">其他材料费</td><td></td><td></td><td></td><td></td><td></td><td></td></tr>
<tr><td colspan="5">材料费小计</td><td></td><td></td><td></td><td></td><td></td><td></td></tr>
</table>

项目3a　桩基础工程定额计价

1.实训目的

1)能读懂建筑设计总说明、工程做法表和建筑施工图(平面、立面、剖面、详图)。

2)能根据办公楼图纸计算桩基工程定额工程量,并能计算出定额分部分项工程费用。

3)熟练把握桩基工程手工计量与计价的方法和技巧。

2.实训内容

1)计算预制钢筋混凝土管桩压桩、试验桩、送桩、桩尖工程量。

2)查找上述分项工程的定额子目。

3)计算定额分部分项工程费。

3.编制依据

1)办公楼工程建筑结构施工图。

2)《广东省房屋建筑与装饰工程综合定额》(2018)(上册、中册、下册)。

3)《广东省建设工程施工机具台班费用编制规则》(2018)。

4.实训步骤

1)熟悉办公楼工程图纸,了解项目概况,搜集各种编制依据及资料。

2)根据办公楼施工方法和施工说明,重点注意打(压)试验桩、送桩的定额子目,人工、机械台班消耗量要乘以相应的系数。

3)根据综合定额各章说明和计算规则,找出相应的综合定额子目。

4)根据所套用的定额子目计算出定额分部分项工程费。

5.定额工程量计算表

按给定的计算表格填写。

6.定额分部分项工程预算表

按给定的计算表格填写,并汇总计算出桩基础工程定额分部分项工程总费用。

7.其他说明

1)施工场地离建筑物较远,比较开阔,所以选用从中间向四周对称施打的顺序施工,压试验桩4根。

2)为将管桩压到设计标高,需要采用送桩器送桩,预算按每根桩送桩到-1.4 m。

3)钢桩靴采用封底十字刀刃,净重35 kg。

定额工程量计算表

工程名称：广州市某办公楼　　　　　　　　　　　　　　　　第 1 页　　共 1 页

序号	定额编号	子目名称 或轴线位置说明	工程量计算式	计量单位	工程量
1	A1-3-36	压预制管桩 桩径 400 mm 桩长(18 m)以内 单位工程的工程量在 500 m 以内 送桩	12×24	100 m	2.88
2	A1-3-36 换	压预制管桩 桩径 400 mm 桩长(18 m)以内 打(压)试验桩 送桩	12×4	100 m	0.48
3	A1-3-47	管桩接桩 电焊接桩	28	10 个	2.8
4	A1-3-42	钢桩尖制作安装	35×28÷1000	t	0.98
5	A1-3-50	预制混凝土管桩填芯 填混凝土	$3.14\times((0.4-0.095\times2)/2)^2\times(1.2+2)\times28$	m^3	3.1

定额分部分项工程预算表

工程名称:广州市某办公楼　　　　第1页　　共1页

序号	定额编号	子目名称	计量单位	工程量	定额基价/元	合价/元
1	A1-3-36	压预制管桩 桩径400 mm 桩长(m)18以内单位工程的工作量在1000m以内人工×1.25,机械×1.25 送桩 人工×1.2,机械×1.2,材料[04290020]含量为0	100 m	2.88	22638.63	65199.25
本页小计						

项目3b 桩基础工程清单计价

1. 实训目的

1)能读懂建筑设计总说明、工程做法表和建筑施工图(平面、立面、剖面、详图)。

2)能根据《房屋建筑与装饰工程工程量计算规范》(GB 50854—2013)计算规则计算桩基础工程清单工程量,并能计算出清单分部分项工程费用。

3)熟练把握桩基工程手工计量与计价的方法和技巧。

2. 实训内容

1)计算预制钢筋混凝土管桩压桩、试验桩、送桩、桩尖工程量。

2)计算上述清单综合单价。

3)计算分部分项工程费。

3. 编制依据

1)办公楼工程建筑结构施工图。

2)《房屋建筑与装饰工程工程量计算规范》(GB 50854—2013)。

3)《广东省房屋建筑与装饰工程综合定额》(2018)(上册、中册、下册)。

4)《广东省建筑与装饰工程工程量清单计价指引》(2013)(以下称计价指引)。

5)《广东省建设工程施工机具台班费用编制规则》(2018)。

4. 实训步骤

1)熟悉办公楼工程图纸,了解项目概况,搜集各种编制依据及资料。

2)根据办公楼施工方法和施工说明,重点注意压预制混凝土的工作内容,人工、机械台班需要乘以的系数。

3)根据计价指引的要求,确定项目编码、项目特征、计量单位及工程内容,计算清单工程量。

4)套用相应的综合定额子目(见项目3:桩基础工程定额计价),计算综合单价。

5)计算清单分部分项工程费。

5. 清单工程量计算表

按给定的计算表格填写。

6. 分部分项工程和单价措施项目清单与计价表

按给定的计算表格填写,并汇总计算桩基工程清单分部分项工程费。

7. 分部分项工程量综合单价分析表

按给定的表格填写,计算分项工程综合单价。

8. 其他说明

1)施工场地离建筑物较远,比较开阔,所以选用从中间向四周对称施打的顺序施工,压试验桩4根。

2)为将管桩压到设计标高,需要采用送桩器送桩,预算按每根桩送桩到-1.4 m。

3)钢桩靴采用封底十字刀刃,净重35 kg。

清单工程量计算表

工程名称:广州市某办公楼　　　　第1页　共1页

序号	清单编码	项目名称 或轴线位置说明	工程量计算式	计量 单位	工程 量
1	010301002001	预制钢筋混凝土管桩	12×24	m	288
2	010301002002	预制钢筋混凝土管桩(试验桩)	12×4	m	48
3	粤 010301002001	预制钢筋混凝土管桩送桩	(1.6−0.15−0.2+0.5)×28	m	49
4	粤 010301005001	预制钢筋混凝土管桩桩尖	28	个	28

分部分项工程和单价措施项目清单与计价表

工程名称:广州市某办公楼　　　　　　　　　　　　　　　　　　　　　第　页　　共　页

序号	项目编码	项目名称	项目特征描述	计量单位	工程量	金额/元		
						综合单价	合价	其中:暂估价
		0103 桩基工程						
1	010301002001	预制钢筋混凝土管桩	1.地层情况:三类土 2.送桩深度、桩长:送桩至基础底面−1.4 m,桩长12 m 3.桩外径、壁厚:桩外径400 mm,壁厚95 mm 4.沉桩方法:静压力压桩 5.桩尖类型:封底十字刀刃桩靴 6.混凝土强度等级:C30 7.填充材料种类:微膨胀普通商品混凝土	m	288	244.83	70511.04	
本页小计								

分部分项工程量综合单价分析表

工程名称:广州市某办公楼　　　　　　　　　　　　　　　　　　　　第　页　共　页

项目编码	010301002001	项目名称	预制钢筋混凝土管桩	计量单位	m	工程量	288

清单综合单价组成明细											
定额编号	定额项目名称	定额单位	数量	单价				合价			
				人工费	材料费	机具费	管理费和利润	人工费	材料费	机具费	管理费和利润
A1-3-36换	压预制管桩桩径400 mm桩长(m)18以内	100m	0.01	1119.88	17066.73	3419.92	1696.98	11.2	170.67	34.2	16.97
A1-3-47	管桩电焊接桩 ϕ400	10个	0.0083	194.05	124.78	544.86	276.2	1.62	1.04	4.54	2.3
A1-3-50	预制混凝土管桩填芯填混凝土	10m³	0.0009	1390.22	8.92	13.01	524.53	1.26	0.01	0.01	0.47
8021905	普通预拌混凝土 碎石粒径综合考虑 C30	m³	0.0009		603				0.54		
人工调整系数		小计						14.08	172.26	38.75	19.74
		未计价材料费									
清单项目综合单价								244.83			

材料费明细	主要材料名称、规格、型号	单位	数量	单价/元	合价/元	暂估单价/元	暂估合价/元
	预应力混凝土管桩 ϕ400	m	1.01	166.53	168.2		
	松杂板枋材	m³	0.0017	1348.1	2.29		
	低碳钢焊条 综合	kg	0.1533	6.01	0.92		
	其他材料费	元	0.1202	1	0.12		
	其他材料费			—	0.8		
	材料费小计			—	172.33		

分部分项工程量综合单价分析表

工程名称：　　　　　　　　　　　　　　　　　　　　　　　　第　页　　共　页

项目编码			项目名称				计量单位		工程量		
清单综合单价组成明细											
定额编号	定额项目名称	定额单位	数量	单价				合价			
				人工费	材料费	机具费	管理费和利润	人工费	材料费	机具费	管理费和利润
人工调整系数		小计									
		未计价材料费									
清单项目综合单价											
材料费明细	主要材料名称、规格、型号					单位	数量	单价/元	合价/元	暂估单价/元	暂估合价/元
	其他材料费										
	材料费小计										

分部分项工程量综合单价分析表

工程名称：　　　　　　　　　　　　　　　　　　　　　　　　第　页　共　页

<table>
<tr><td colspan="2">项目编码</td><td colspan="2"></td><td>项目名称</td><td colspan="2"></td><td>计量单位</td><td colspan="2"></td><td>工程量</td><td></td></tr>
<tr><td colspan="12">清单综合单价组成明细</td></tr>
<tr><td rowspan="2">定额编号</td><td rowspan="2">定额项目名称</td><td rowspan="2">定额单位</td><td rowspan="2">数量</td><td colspan="4">单价</td><td colspan="4">合价</td></tr>
<tr><td>人工费</td><td>材料费</td><td>机具费</td><td>管理费和利润</td><td>人工费</td><td>材料费</td><td>机具费</td><td>管理费和利润</td></tr>
<tr><td></td><td></td><td></td><td></td><td></td><td></td><td></td><td></td><td></td><td></td><td></td><td></td></tr>
<tr><td></td><td></td><td></td><td></td><td></td><td></td><td></td><td></td><td></td><td></td><td></td><td></td></tr>
<tr><td></td><td></td><td></td><td></td><td></td><td></td><td></td><td></td><td></td><td></td><td></td><td></td></tr>
<tr><td></td><td></td><td></td><td></td><td></td><td></td><td></td><td></td><td></td><td></td><td></td><td></td></tr>
<tr><td colspan="2">人工调整系数</td><td colspan="6">小计</td><td></td><td></td><td></td><td></td></tr>
<tr><td colspan="2"></td><td colspan="6">未计价材料费</td><td colspan="4"></td></tr>
<tr><td colspan="8">清单项目综合单价</td><td colspan="4"></td></tr>
<tr><td rowspan="13">材料费明细</td><td colspan="5">主要材料名称、规格、型号</td><td>单位</td><td>数量</td><td>单价/元</td><td>合价/元</td><td>暂估单价/元</td><td>暂估合价/元</td></tr>
<tr><td colspan="5"></td><td></td><td></td><td></td><td></td><td></td><td></td></tr>
<tr><td colspan="5"></td><td></td><td></td><td></td><td></td><td></td><td></td></tr>
<tr><td colspan="5"></td><td></td><td></td><td></td><td></td><td></td><td></td></tr>
<tr><td colspan="5"></td><td></td><td></td><td></td><td></td><td></td><td></td></tr>
<tr><td colspan="5"></td><td></td><td></td><td></td><td></td><td></td><td></td></tr>
<tr><td colspan="5"></td><td></td><td></td><td></td><td></td><td></td><td></td></tr>
<tr><td colspan="5"></td><td></td><td></td><td></td><td></td><td></td><td></td></tr>
<tr><td colspan="5"></td><td></td><td></td><td></td><td></td><td></td><td></td></tr>
<tr><td colspan="5"></td><td></td><td></td><td></td><td></td><td></td><td></td></tr>
<tr><td colspan="5"></td><td></td><td></td><td></td><td></td><td></td><td></td></tr>
<tr><td colspan="5">其他材料费</td><td></td><td></td><td></td><td></td><td></td><td></td></tr>
<tr><td colspan="5">材料费小计</td><td></td><td></td><td></td><td></td><td></td><td></td></tr>
</table>

项目4a 砌筑工程定额计价

1. 实训目的

1)能读懂建筑设计总说明、工程做法表和建筑施工图(平面、立面、剖面、详图)。

2)能计算砌筑工程定额工程量,并能计算定额分部分项工程费。

3)熟练把握砌筑工程手工计量与计价的方法和技巧。

2. 实训内容

1)计算混水砖外墙、内墙、女儿墙及零星砌体的定额工程量。

2)查找上述分项工程的定额子目。

3)计算分部分项工程费。

3. 编制依据

1)办公楼工程建筑结构施工图。

2)《广东省房屋建筑与装饰工程综合定额》(2018)(上册、中册、下册)。

3)《广东省建设工程施工机具台班费用编制规则》(2018)。

4. 实训步骤

1)熟悉办公楼工程图纸,了解项目概况,搜集各种编制依据及资料。

2)根据办公楼施工方法和施工说明,分析砌筑工程的墙体类型。

3)根据综合定额的章说明和计算规则,找出相应的综合定额子目。

4)根据所套用的定额子目计算出定额分部分项工程费。

5. 定额工程量计算表

按给定的计算表格填写。

6. 定额分部分项工程预算表

按给定的计算表格填写,并汇总计算出砌筑工程定额分部分项工程费。

定额工程量计算表

工程名称:广州市某办公楼　　　　第1页　　共3页

序号	定额编号	项目名称或轴线位置说明	工程量计算式	计量单位	工程量
		门窗面积			
		C1	1.8×1.8	m^2	3.24
		C2	2.4×1.8	m^2	4.32
		C3	0.9×1.8	m^2	1.62
		C4	0.9×0.8	m^2	0.72
		M1	1.5×2.4	m^2	3.60
		M2	0.9×2.1	m^2	1.89
		M3	0.9×2.1	m^2	1.89
		门窗过梁体积			
		外墙 C1	0.18×0.15×(1.8+0.25×2)×7	m^3	0.43
		外墙 C2	0.18×0.18×(2.4+0.37×2)×12	m^3	1.22
		外墙 C3	0.18×0.12×(0.9+0.25×2)×7	m^3	0.21
		外墙 C4	没有过梁,以框架梁做过梁用		0.00
		外墙 M1	0.18×0.12×(1.5+0.25×2)	m^3	0.04
		外墙 M2	0.18×0.12×(1+(0.9+0.25))	m^3	0.05
		外墙 M3	0.18×0.12×(0.9+0.25×2)×2	m^3	0.06
			外墙门窗过梁小计	m^3	2.02
		120厚内墙 M1	0.12×0.115×(1.5+0.05+0.25)×2	m^3	0.05
		120厚内墙 M2	0.12×0.115×((0.9+0.25)×5+(0.9+0.25×2)×6)	m^3	0.20
		120厚内墙 M3	0.12×0.115×((0.9+0.25×2)×2+(0.9+0.25))	m^3	0.06
			120厚内墙门窗过梁小计	m^3	0.31
1	A1-4-4	混水砖外墙 墙体厚度3/4砖		10 m^3	8.209
		首层外墙	H=4.8+0.15−0.5=4.45 m,h=0.18 m		
		E轴交②—④轴	(4.5+6−0.4×3)×4.45×0.18	m^3	7.45
		④交A—E轴	((15.8−0.5−0.4×3)×4.45−3.24×2−4.32×2)×0.18	m^3	8.57
		A轴交①—④轴	((12−0.5×3)×4.45−4.32−1.62)×0.18	m^3	7.34
		①交A—E轴	(((3.8+2.8+2.4−0.4×3−0.35)+(1.5−0.5)+(6.8−0.5))×4.45−3.24−0.72−1.89−1.89−0.72)×0.18	m^3	10.29
	扣减	构造柱体积GZ1	−0.14	m^3	−0.14

定额工程量计算表

工程名称:广州市某办公楼　　　　　　　　　　　　　　　　第 2 页　　共 3 页

序号	定额编号	项目名称 或轴线位置说明	工程量计算式	计量单位	工程量
			小计	m^3	33.51
		二层外墙	H=3.6−0.5=3.1 m,h=0.18 m		
		E 轴交①−④轴	(12−0.09−0.4×3)×3.1×0.18	m^3	5.98
		④交 A−E 轴	((15.8−0.5−0.4×3)×3.1−3.24×2−4.32×2)×0.18	m^3	5.15
		A 轴交①'−④轴	((1.5+12−0.09−0.5×3)×3.1−4.32−1.62×2)×0.18	m^3	5.28
		①交 A−E 轴	((1.6−0.09+1.5−0.09+2.2+2.8−0.175−0.4+1.5−0.09+2.4−0.09+1.5−0.09+6.8−0.09)×3.1−1.89−1.89−0.72−1.62−4.32)×0.18	m^3	8.83
			小计	m^3	25.23
		三层外墙	25.23+0.8×0.9×0.18	m^3	25.36
		扣减外墙门窗过梁体积	−2.017	m^3	−2.02
			180 mm 外墙合计	m^3	82.09

定额工程量计算表

工程名称:广州市某办公楼　　　　　　　　　　　　　　　　第 3 页　　共 3 页

序号	定额编号	项目名称 或轴线位置说明	工程量计算式	计量 单位	工程 量

定额分部分项工程预算表

工程名称:广州市某办公楼　　　　　　　　　　　　　　　　　第 1 页　　共 1 页

序号	定额编号	子目名称	计量单位	工程量	定额基价/元	合价/元
1	A1-4-4	混水砖外墙 墙体厚度 3/4 砖	10 m^3	8.209	4101.18	33666.59
2	80050020	砌筑用混合砂浆(配合比) 中砂 M5.0	m^3	17.896	185.19	3314.16
本页小计						

项目 4b 砌筑工程清单计价

1. 实训目的

1)能读懂建筑设计总说明、工程做法表和建筑施工图(平面、立面、剖面、详图)。

2)能根据《房屋建筑与装饰工程工程量计算规范》(GB 50854—2013)计算砌筑工程清单工程量,并能计算综合单价及清单分部分项工程费。

3)熟练把握砌筑工程手工计量与计价的方法和技巧。

2. 实训内容

1)计算实心砖墙、零星砌砖清单工程量,并编制工程量清单。

2)计算上述清单综合单价。

3)计算分部分项工程费。

3. 编制依据

1)办公楼工程建筑结构施工图。

2)《房屋建筑与装饰工程工程量计算规范》(GB 50854—2013)。

3)《广东省房屋建筑与装饰工程综合定额》(2018)(上册、中册、下册)。

4)《广东省建筑与装饰工程工程量清单计价指引》(2013)(以下称计价指引)。

5)《广东省建设工程施工机具台班费用编制规则》(2018)。

4. 实训步骤

1)熟悉办公楼工程图纸,了解项目概况,搜集各种编制依据及资料。

2)根据办公楼施工方法和施工说明,列出砌筑工程的清单项目名称。

3)根据计价指引的要求,确定项目编码、项目特征、计量单位及工程内容,计算清单工程量。

4)套用相应的综合定额子目(见项目 4:砌筑工程定额计价),计算综合单价。

5)计算清单分部分项工程费。

5. 清单工程量计算表

按给定的计算表格填写。

6. 分部分项工程和单价措施项目清单与计价表

按给定的计算表格填写,并汇总计算出砌筑工程清单分部分项工程费。

7. 分部分项工程量综合单价分析表

按给定的计算表格填写。

清单工程量计算表

工程名称:广州市某办公楼　　　　第1页　　共3页

序号	清单编码	项目名称 或轴线位置说明	工程量计算式	计量 单位	工程 量

清单工程量计算表

工程名称:广州市某办公楼　　　　第 2 页　　共 3 页

序号	清单编码	项目名称 或轴线位置说明	工程量计算式	计量 单位	工程 量

清单工程量计算表

工程名称：广州市某办公楼　　　　　　　　　　　　　　　　第 3 页　　共 3 页

序号	清单编码	项目名称 或轴线位置说明	工程量计算式	计量 单位	工程 量

分部分项工程和单价措施项目清单与计价表

工程名称:广州市某办公楼　　　　　　　　第 1 页　　共 1 页

序号	项目编码	项目名称	项目特征描述	计量单位	工程量	金额/元		
						综合单价	合价	其中:暂估价
		0104 砌筑工程						
1	010401003001	实心砖墙	1. 砖品种、规格、强度等级:标准砖 240 mm×115 mm×53 mm 2. 墙体类型:外墙 180 厚 3. 砂浆强度等级、配合比:M5 水泥石灰砂浆	m^3	82.09	621.35	51006.32	
本页小计								

分部分项工程量综合单价分析表

工程名称：广州市某办公楼　　　　第　页　共　页

<table>
<tr><td>项目编码</td><td colspan="2">010401003001</td><td colspan="2">项目名称</td><td colspan="2">实心砖墙</td><td>计量单位</td><td>m³</td><td>工程量</td><td>82.09</td></tr>
<tr><td colspan="12">清单综合单价组成明细</td></tr>
<tr><td rowspan="2">定额编号</td><td rowspan="2">定额项目名称</td><td rowspan="2">定额单位</td><td rowspan="2">数量</td><td colspan="4">单价</td><td colspan="4">合价</td></tr>
<tr><td>人工费</td><td>材料费</td><td>机具费</td><td>管理费和利润</td><td>人工费</td><td>材料费</td><td>机具费</td><td>管理费和利润</td></tr>
<tr><td>A1-4-4</td><td>混水砖外墙墙体厚度 3/4 砖</td><td>10m³</td><td>0.1</td><td>2223.04</td><td>2188.38</td><td></td><td>781.18</td><td>222.3</td><td>218.84</td><td></td><td>78.12</td></tr>
<tr><td>80050020</td><td>砌筑用混合砂浆（配合比）中砂 M5.0</td><td>m³</td><td>0.218</td><td></td><td>468.28</td><td></td><td></td><td></td><td>102.09</td><td></td><td></td></tr>
<tr><td colspan="2">人工调整系数</td><td colspan="6">小计</td><td>222.3</td><td>320.93</td><td></td><td>78.12</td></tr>
<tr><td colspan="2"></td><td colspan="6">未计价材料费</td><td colspan="4"></td></tr>
<tr><td colspan="8">清单项目综合单价</td><td colspan="4">621.35</td></tr>
<tr><td rowspan="9">材料费明细</td><td colspan="3">主要材料名称、规格、型号</td><td colspan="2">单位</td><td colspan="2">数量</td><td>单价/元</td><td>合价/元</td><td>暂估单价/元</td><td>暂估合价/元</td></tr>
<tr><td colspan="3">松杂板枋材</td><td colspan="2">m³</td><td colspan="2">0.0017</td><td>1348.1</td><td>2.29</td><td></td><td></td></tr>
<tr><td colspan="3">其他材料费</td><td colspan="2">元</td><td colspan="2">1.737</td><td>1</td><td>1.74</td><td></td><td></td></tr>
<tr><td colspan="3">复合普通硅酸盐水泥 P.C 42.5</td><td colspan="2">t</td><td colspan="2">0.0495</td><td>503.27</td><td>24.91</td><td></td><td></td></tr>
<tr><td colspan="3">标准砖 240×115×53</td><td colspan="2">千块</td><td colspan="2">0.5433</td><td>390.01</td><td>211.89</td><td></td><td></td></tr>
<tr><td colspan="3">生石灰</td><td colspan="2">t</td><td colspan="2">0.0166</td><td>409.99</td><td>6.81</td><td></td><td></td></tr>
<tr><td colspan="3">中砂</td><td colspan="2">m³</td><td colspan="2">0.2612</td><td>276.39</td><td>72.19</td><td></td><td></td></tr>
<tr><td colspan="7">其他材料费</td><td>—</td><td>1.1</td><td>—</td><td></td></tr>
<tr><td colspan="7">材料费小计</td><td>—</td><td>320.93</td><td>—</td><td></td></tr>
</table>

分部分项工程量综合单价分析表

工程名称：　　　　　　　　　　　　　　　　　　　　　　第　页　　共　页

项目编码				项目名称				计量单位		工程量	
清单综合单价组成明细											
定额编号	定额项目名称	定额单位	数量	单价				合价			
				人工费	材料费	机具费	管理费和利润	人工费	材料费	机具费	管理费和利润
人工调整系数		小计									
		未计价材料费									
清单项目综合单价											
材料费明细	主要材料名称、规格、型号					单位	数量	单价/元	合价/元	暂估单价/元	暂估合价/元
	其他材料费										
	材料费小计										

分部分项工程量综合单价分析表

工程名称：　　　　　　　　　　　　　　　　　　　　　　　第　页　共　页

<table>
<tr><td colspan="2">项目编码</td><td colspan="2"></td><td>项目名称</td><td colspan="2"></td><td>计量单位</td><td></td><td colspan="2">工程量</td><td></td></tr>
<tr><td colspan="12">清单综合单价组成明细</td></tr>
<tr><td rowspan="2">定额编号</td><td rowspan="2">定额项目名称</td><td rowspan="2">定额单位</td><td rowspan="2">数量</td><td colspan="4">单价</td><td colspan="4">合价</td></tr>
<tr><td>人工费</td><td>材料费</td><td>机具费</td><td>管理费和利润</td><td>人工费</td><td>材料费</td><td>机具费</td><td>管理费和利润</td></tr>
<tr><td></td><td></td><td></td><td></td><td></td><td></td><td></td><td></td><td></td><td></td><td></td><td></td></tr>
<tr><td></td><td></td><td></td><td></td><td></td><td></td><td></td><td></td><td></td><td></td><td></td><td></td></tr>
<tr><td></td><td></td><td></td><td></td><td></td><td></td><td></td><td></td><td></td><td></td><td></td><td></td></tr>
<tr><td></td><td></td><td></td><td></td><td></td><td></td><td></td><td></td><td></td><td></td><td></td><td></td></tr>
<tr><td colspan="2">人工调整系数</td><td colspan="6">小计</td><td></td><td></td><td></td><td></td></tr>
<tr><td colspan="2"></td><td colspan="6">未计价材料费</td><td colspan="4"></td></tr>
<tr><td colspan="8">清单项目综合单价</td><td colspan="4"></td></tr>
<tr><td rowspan="13">材料费明细</td><td colspan="5">主要材料名称、规格、型号</td><td>单位</td><td>数量</td><td>单价/元</td><td>合价/元</td><td>暂估单价/元</td><td>暂估合价/元</td></tr>
<tr><td colspan="5"></td><td></td><td></td><td></td><td></td><td></td><td></td></tr>
<tr><td colspan="5"></td><td></td><td></td><td></td><td></td><td></td><td></td></tr>
<tr><td colspan="5"></td><td></td><td></td><td></td><td></td><td></td><td></td></tr>
<tr><td colspan="5"></td><td></td><td></td><td></td><td></td><td></td><td></td></tr>
<tr><td colspan="5"></td><td></td><td></td><td></td><td></td><td></td><td></td></tr>
<tr><td colspan="5"></td><td></td><td></td><td></td><td></td><td></td><td></td></tr>
<tr><td colspan="5"></td><td></td><td></td><td></td><td></td><td></td><td></td></tr>
<tr><td colspan="5"></td><td></td><td></td><td></td><td></td><td></td><td></td></tr>
<tr><td colspan="5"></td><td></td><td></td><td></td><td></td><td></td><td></td></tr>
<tr><td colspan="5"></td><td></td><td></td><td></td><td></td><td></td><td></td></tr>
<tr><td colspan="5">其他材料费</td><td></td><td></td><td></td><td></td><td></td><td></td></tr>
<tr><td colspan="5">材料费小计</td><td></td><td></td><td></td><td></td><td></td><td></td></tr>
</table>

项目5a 混凝土及钢筋混凝土工程定额计价

1. 实训目的

1)能读懂建筑设计总说明、工程做法表和建筑施工图(平面、立面、剖面、详图)。

2)能结合实际工程进行混凝土及钢筋混凝土工程定额工程量计算,并能计算出定额分部分项工程费用。

3)熟练把握混凝土及钢筋混凝土工程手工计量与计价的方法和技巧。

2. 实训内容

1)计算基础垫层、承台、基础梁、柱、梁、板、楼梯、阳台及零星的混凝土构件定额工程量。

2)查找上述分项工程的定额子目。

3)计算分部分项工程费。

3. 编制依据

1)办公楼工程建筑结构施工图。

2)《广东省房屋建筑与装饰工程综合定额》(2018)(上册、中册、下册)。

3)《广东省建设工程施工机具台班费用编制规则》(2018)。

4. 实训步骤

1)熟悉办公楼工程图纸,了解项目概况,搜集各种编制依据及资料。

2)根据办公楼施工方法和施工说明,分析混凝土构件之间的连接关系。

3)根据综合定额各章说明和计算规则,找出相应的综合定额子目。

4)根据所套用的定额子目计算出定额分部分项工程费。

5. 定额工程量计算表

按给定的计算表格填写。

6. 定额分部分项工程预算表

按给定的计算表格填写,并汇总计算出混凝土及钢筋混凝土工程定额分部分项工程总费用。

7. 其他说明

本工程不计算过梁(建施03图上的A—A剖面图4轴上的梁)挑出的混凝土装饰线。

定额工程量计算表

工程名称:广州市某办公楼　　　　　　　　　　　　　　　　第1页　　共5页

序号	定额编号	项目名称 或轴线位置说明	工程量计算式	计量 单位	工程 量
1	A1-5-78	混凝土垫层	(8021901 普通商品混凝土 碎石粒径 20 石 C10)	10 m^3	0.624
		桩承台部分	1.950×0.9×0.1×14	m^3	2.46
		基础梁部分			
		JKL1	(9－0.7×3－0.2－0.2)×(0.25＋0.2)×0.1	m^3	0.29
		JKL2	(6.8－0.35－0.25＋0.1) ×(0.3＋0.2)×0.1	m^3	0.32
		JKL3	(9－0.7×3－0.2－0.2)×(0.25＋0.2)×0.1＋ (6.8－0.35－ 0.15－0.25) ×(0.3＋0.2)×0.1	m^3	0.60
		JKL4	(9－0.7×2－0.2－0.2)×(0.25＋0.2)×0.1＋ (6.8－0.35－ 0.15－0.25) ×(0.3＋0.2)×0.1	m^3	0.63
		JKL5	(12－1.75×2－0.5) ×(0.25＋0.2)×0.1	m^3	0.36
		JKL6、8	(12－1.75×2－0.5) ×(0.25＋0.2)×0.1×2	m^3	0.72
		JKL7	(6－1.75－0.2)×(0.25＋0.2)×0.1	m^3	0.18
		JKL9	(10.5－1.75×2－0.4)×(0.25＋0.2)×0.1	m^3	0.30
		L1	(2.1－0.125－0.09－0.1) ×(0.18＋0.2)×0.1	m^3	0.07
		L2	(9－0.25×3) ×(0.18＋0.2)×0.1	m^3	0.31
		基础梁合计		m^3	3.78
		垫层合计	2.46＋3.78	m^3	6.24

定额工程量计算表

工程名称:广州市某办公楼　　　　第 2 页　　共 5 页

序号	定额编号	项目名称 或轴线位置说明	工程量计算式	计量 单位	工程 量

定额工程量计算表

工程名称:广州市某办公楼　　　　第 3 页　　共 5 页

序号	定额编号	项目名称 或轴线位置说明	工程量计算式	计量 单位	工程 量

定额工程量计算表

工程名称:广州市某办公楼　　　　第 4 页　　共 5 页

序号	定额编号	项目名称 或轴线位置说明	工程量计算式	计量 单位	工程 量

定额工程量计算表

工程名称:广州市某办公楼 第 5 页 共 5 页

序号	定额编号	项目名称 或轴线位置说明	工程量计算式	计量 单位	工程 量

定额分部分项工程预算表

工程名称:广州市某办公楼　　　　第 1 页　　共 2 页

序号	定额编号	子目名称	计量单位	工程量	定额基价/元	合价/元
1	A1-5-78	混凝土垫层	10 m^3	0.624	752.52	469.57
2	8021902	普通预拌混凝土碎石粒径综合考虑 C15	m^3	6.3336	310	1963.42
3	A1-5-51	预拌混凝土 C15(泵送)50m 以内	10 m^3	0.624	204.37	127.53
4	8021902	普通预拌混凝土碎石粒径综合考虑 C15	m^3	0.0312	310	9.67
本页小计						

定额分部分项工程预算表

工程名称:广州市某办公楼　　　　　　　　　　　　第2页　共2页

序号	定额编号	子目名称	计量单位	工程量	定额基价/元	合价/元
本页小计						

项目5b 混凝土及钢筋混凝土工程清单计价

1. 实训目的

1)能读懂建筑设计总说明、工程做法表和建筑施工图(平面、立面、剖面、详图)。

2)能根据《房屋建筑与装饰工程工程量计算规范》(GB 50854—2013)计算混凝土及钢筋混凝土清单工程量,并能计算出清单分部分项工程费用。

3)熟练把握混凝土及钢筋混凝土手工计量与计价的方法和技巧。

2. 实训内容

1)计算基础垫层、承台、基础梁、柱、梁、板、楼梯、阳台及零星的混凝土构件工程量。

2)根据《房屋建筑与装饰工程工程量计算规范》(GB 50854—2013)查找上述分项工程的清单编码,填写项目特征、计量单位,编制分部分项工程和单价措施项目清单与计价表。

3)计算分部分项工程费和综合单价。

3. 编制依据

1)办公楼工程建筑结构施工图。

2)《房屋建筑与装饰工程工程量计算规范》(GB 50854—2013)。

3)《广东省房屋建筑与装饰工程综合定额》(2018)(上册、中册、下册)。

4)《广东省建筑与装饰工程工程量清单计价指引》(2013)(以下称计价指引)。

5)《广东省建设工程施工机具台班费用编制规则》(2018)。

4. 实训步骤

1)熟悉办公楼工程图纸,了解项目概况,搜集各种编制依据及资料。

2)根据办公楼施工方法和施工说明,重点注意基础垫层、承台、基础梁、柱、梁、板、楼梯、阳台及零星的混凝土构件的定义。

3)根据计价指引的要求,确定项目编码、项目特征、计量单位及工程内容,计算清单工程量。

4)根据《广东省房屋建筑与装饰工程综合定额》(2018上册)的各章说明和计算规则,找出相应的综合定额子目。

5)计算措施项目费和综合单价。

5. 清单工程量计算表

按给定的计算表格填写。

6. 分部分项工程和单价措施项目清单与计价表

按给定的计算表格填写,并汇总计算混凝土及钢筋混凝土工程项目费用。

7. 分部分项工程量综合单价分析表

按给定的表格填写,计算分项工程综合单价。

清单工程量计算表

工程名称:广州市某办公楼　　　　第 1 页　　共 5 页

序号	清单编码	项目名称 或轴线位置说明	工程量计算式	计量 单位	工程 量
1	010501001001	垫层		m^3	6.24
2	010501005001	桩承台基础		m^3	17.15
			1.75×0.7×1×14	m^3	17.15

清单工程量计算表

工程名称:广州市某办公楼　　　　　　　　　　　　　　　　　　　　第 2 页　　共 5 页

序号	清单编码	项目名称 或轴线位置说明	工程量计算式	计量 单位	工程 量

清单工程量计算表

工程名称:广州市某办公楼　　　　　　　　　　　　　　　　　　　　第 3 页　　共 5 页

序号	清单编码	项目名称或轴线位置说明	工程量计算式	计量单位	工程量

清单工程量计算表

工程名称:广州市某办公楼　　　　　　　　　　　　　　　　第 4 页　　共 5 页

序号	清单编码	项目名称 或轴线位置说明	工程量计算式	计量 单位	工程 量

清单工程量计算表

工程名称:广州市某办公楼　　　　第 5 页　　共 5 页

序号	清单编码	项目名称 或轴线位置说明	工程量计算式	计量 单位	工程 量

分部分项工程和单价措施项目清单与计价表

工程名称:广州市某办公楼　　　　第1页　　共1页

序号	项目编码	项目名称	项目特征描述	计量单位	工程量	金额/元		
						综合单价	合价	其中:暂估价
		0105 混凝土及钢筋混凝土工程						
1	010501001001	垫层	1. 混凝土种类:普通商品混凝土 2. 混凝土强度等级:C15	m^3	6.24	676.22	4219.61	
2	010501005001	桩承台基础	1. 混凝土种类:普通商品混凝土 2. 混凝土强度等级:C25	m^3	17.15	710.10	12178.22	
本页小计								

分部分项工程量综合单价分析表

工程名称:广州市某办公楼　　　　　　　　　　　　　　　　　第　页　　共　页

<table>
<tr><td colspan="2">项目编码</td><td colspan="2">010501001001</td><td>项目名称</td><td colspan="3">垫层</td><td>计量单位</td><td>m^3</td><td>工程量</td><td>6.24</td></tr>
<tr><td colspan="12">清单综合单价组成明细</td></tr>
<tr><td rowspan="2">定额编号</td><td rowspan="2">定额项目名称</td><td rowspan="2">定额单位</td><td rowspan="2">数量</td><td colspan="4">单价</td><td colspan="4">合价</td></tr>
<tr><td>人工费</td><td>材料费</td><td>机具费</td><td>管理费和利润</td><td>人工费</td><td>材料费</td><td>机具费</td><td>管理费和利润</td></tr>
<tr><td>A1-5-78换</td><td>混凝土垫层</td><td>$10m^3$</td><td>0.1</td><td>629.02</td><td>5559.93</td><td></td><td>306.64</td><td>62.9</td><td>555.99</td><td></td><td>30.66</td></tr>
<tr><td>A1-5-51换</td><td>泵送混凝土至建筑部位高度50 m以内</td><td>$10m^3$</td><td>0.1</td><td>16.51</td><td>40.92</td><td>135.24</td><td>73.98</td><td>1.65</td><td>4.09</td><td>13.52</td><td>7.4</td></tr>
<tr><td colspan="2">人工调整系数</td><td colspan="6">小计</td><td>64.55</td><td>560.08</td><td>13.52</td><td>38.06</td></tr>
<tr><td colspan="2"></td><td colspan="6">未计价材料费</td><td colspan="4"></td></tr>
<tr><td colspan="8">清单项目综合单价</td><td colspan="4">676.22</td></tr>
<tr><td rowspan="5">材料费明细</td><td colspan="5">主要材料名称、规格、型号</td><td>单位</td><td>数量</td><td>单价/元</td><td>合价/元</td><td>暂估单价/元</td><td>暂估合价/元</td></tr>
<tr><td colspan="5">其他材料费</td><td>元</td><td>0.4</td><td>1</td><td>0.4</td><td></td><td></td></tr>
<tr><td colspan="5">普通预拌混凝土 碎石粒径综合考虑 C15</td><td>m^3</td><td>1.02</td><td>547</td><td>557.94</td><td></td><td></td></tr>
<tr><td colspan="7">其他材料费</td><td>—</td><td>1.75</td><td>—</td><td></td></tr>
<tr><td colspan="7">材料费小计</td><td>—</td><td>560.09</td><td>—</td><td></td></tr>
</table>

分部分项工程量综合单价分析表

工程名称:广州市某办公楼　　　　　　　　　　　　　　　　　　　　　第　页　　共　页

项目编码	010501005001		项目名称	桩承台基础			计量单位		m³	工程量	17.15
清单综合单价组成明细											
定额编号	定额项目名称	定额单位	数量	单价				合价			
				人工费	材料费	机具费	管理费和利润	人工费	材料费	机具费	管理费和利润
A1-5-2换	现浇建筑物混凝土其他混凝土基础	10m³	0.1	496.95	6080.74	8.08	246.21	49.7	608.07	0.81	24.62
A1-5-51换	泵送混凝土至建筑部位高度50 m以内	10m³	0.1	16.51	43.27	135.24	73.98	1.65	4.33	13.52	7.4
人工调整系数		小计						51.35	612.4	14.33	32.02
		未计价材料费									
清单项目综合单价								710.1			
材料费明细	主要材料名称、规格、型号					单位	数量	单价/元	合价/元	暂估单价/元	暂估合价/元
	其他材料费					元	0.4	1	0.4		
	土工布					m²	1.176	6.69	7.87		
	预拌混凝土 C25(泵送)					m³	1.015	594.01	602.92		
	其他材料费							—	1.21	—	
	材料费小计							—	612.4	—	

分部分项工程量综合单价分析表

工程名称：　　　　　　　　　　　　　　　　　　　　　　　　第　页　　共　页

项目编码				项目名称			计量单位			工程量	
清单综合单价组成明细											
定额编号	定额项目名称	定额单位	数量	单价				合价			
				人工费	材料费	机具费	管理费和利润	人工费	材料费	机具费	管理费和利润
人工调整系数		小计									
		未计价材料费									
清单项目综合单价											
材料费明细	主要材料名称、规格、型号					单位	数量	单价/元	合价/元	暂估单价/元	暂估合价/元
	其他材料费										
	材料费小计										

分部分项工程量综合单价分析表

工程名称：　　　　　　　　　　　　　　　　　　　　　　　　　　　第　页　　共　页

<table>
<tr><td colspan="2">项目编码</td><td colspan="2"></td><td>项目名称</td><td colspan="3"></td><td>计量单位</td><td></td><td>工程量</td><td></td></tr>
<tr><td colspan="12">清单综合单价组成明细</td></tr>
<tr><td rowspan="2">定额编号</td><td rowspan="2">定额项目名称</td><td rowspan="2">定额单位</td><td rowspan="2">数量</td><td colspan="4">单价</td><td colspan="4">合价</td></tr>
<tr><td>人工费</td><td>材料费</td><td>机具费</td><td>管理费和利润</td><td>人工费</td><td>材料费</td><td>机具费</td><td>管理费和利润</td></tr>
<tr><td></td><td></td><td></td><td></td><td></td><td></td><td></td><td></td><td></td><td></td><td></td><td></td></tr>
<tr><td></td><td></td><td></td><td></td><td></td><td></td><td></td><td></td><td></td><td></td><td></td><td></td></tr>
<tr><td></td><td></td><td></td><td></td><td></td><td></td><td></td><td></td><td></td><td></td><td></td><td></td></tr>
<tr><td></td><td></td><td></td><td></td><td></td><td></td><td></td><td></td><td></td><td></td><td></td><td></td></tr>
<tr><td colspan="2">人工调整系数</td><td colspan="6">小计</td><td></td><td></td><td></td><td></td></tr>
<tr><td colspan="2"></td><td colspan="6">未计价材料费</td><td colspan="4"></td></tr>
<tr><td colspan="8">清单项目综合单价</td><td colspan="4"></td></tr>
<tr><td rowspan="13">材料费明细</td><td colspan="5">主要材料名称、规格、型号</td><td>单位</td><td>数量</td><td>单价/元</td><td>合价/元</td><td>暂估单价/元</td><td>暂估合价/元</td></tr>
<tr><td colspan="5"></td><td></td><td></td><td></td><td></td><td></td><td></td></tr>
<tr><td colspan="5"></td><td></td><td></td><td></td><td></td><td></td><td></td></tr>
<tr><td colspan="5"></td><td></td><td></td><td></td><td></td><td></td><td></td></tr>
<tr><td colspan="5"></td><td></td><td></td><td></td><td></td><td></td><td></td></tr>
<tr><td colspan="5"></td><td></td><td></td><td></td><td></td><td></td><td></td></tr>
<tr><td colspan="5"></td><td></td><td></td><td></td><td></td><td></td><td></td></tr>
<tr><td colspan="5"></td><td></td><td></td><td></td><td></td><td></td><td></td></tr>
<tr><td colspan="5"></td><td></td><td></td><td></td><td></td><td></td><td></td></tr>
<tr><td colspan="5"></td><td></td><td></td><td></td><td></td><td></td><td></td></tr>
<tr><td colspan="5"></td><td></td><td></td><td></td><td></td><td></td><td></td></tr>
<tr><td colspan="5">其他材料费</td><td></td><td></td><td></td><td></td><td></td><td></td></tr>
<tr><td colspan="5">材料费小计</td><td></td><td></td><td></td><td></td><td></td><td></td></tr>
</table>

项目6a 门窗工程定额计价

1. 实训目的

1)能读懂建筑设计总说明、工程做法表和建筑施工图(平面、立面、剖面、详图)。

2)能根据办公楼图纸计算门窗工程定额工程量,并能计算出定额分部分项工程费用。

3)熟练把握建筑门窗工程手工计量与计价的方法和技巧。

2. 实训内容

1)计算首层、二层、三层门窗面积。

2)查找上述分项工程的定额子目。

3)计算定额分部分项工程费。

3. 编制依据

1)办公楼工程建筑结构施工图。

2)《广东省房屋建筑与装饰工程综合定额》(2018)(上册、中册、下册)。

3)《广东省建设工程施工机具台班费用编制规则》(2018)。

4. 实训步骤

1)熟悉办公楼工程图纸,了解项目概况,搜集各种编制依据及资料。

2)根据办公楼施工方法和施工说明,重点注意洞口尺寸和框外围面积的区别。

3)根据综合定额的各章说明和计算规则,找出相应的综合定额子目。

4)根据所套用的定额子目计算出定额分部分项工程费。

5. 定额工程量计算表

按给定的计算表格填写。

6. 定额分部分项工程预算表

按给定的计算表格填写,并汇总计算门窗工程定额分部分项工程总费用。

定额工程量计算表

工程名称:广州市某办公楼　　　　第 1 页　　共 1 页

序号	定额编号	项目名称 或轴线位置说明	工程量计算式	计量 单位	工程 量
1	A1-9-176	标准全封钢门 （M1 安装）	(1.5－0.015×2)×(2.4－0.015)×3	100 m^2	0.1052
1.1	MC1-51	标准全封钢门 （M1 制作）	制作工程量＝安装工程量	m^2	10.52

定额分部分项工程预算表

工程名称:广州市某办公楼　　　　第1页　　共1页

序号	定额编号	子目名称	计量单位	工程量	定额基价/元	合价/元
1	A1-9-176	标准全封钢门	100 m^2	0.1052	2998.11	315.40
2	MC1-51	标准全封钢门	m^2	10.52	220	2314.40
本页小计						

项目 6b　门窗工程清单计价

1. 实训目的

1)能读懂建筑设计总说明、工程做法表和建筑施工图(平面、立面、剖面、详图)。

2)能根据《房屋建筑与装饰工程工程量计算规范》(GB50854—2013)计算门窗工程清单工程量,并能计算出清单分部分项工程费用。

3)熟练把握门窗工程手工计量与计价的方法和技巧。

2. 实训内容

1)计算门窗工程量。

2)根据《房屋建筑与装饰工程工程量计算规范》(GB50854—2013)查找上述分项工程的清单编码、填写项目特征、计量单位,编制分部分项工程和单价措施项目清单与计价表。

3)计算分部分项工程费和综合单价。

3. 编制依据

1)办公楼工程建筑结构施工图。

2)《房屋建筑与装饰工程工程量计算规范》(GB 50854—2013)。

3)《广东省房屋建筑与装饰工程综合定额》(2018)(上册、中册、下册)。

4)《广东省建筑与装饰工程工程量清单计价指引》(2013)(以下称计价指引)。

5)《广东省建设工程施工机具台班费用编制规则》(2018)。

4. 实训步骤

1)熟悉办公楼工程图纸,了解项目概况,搜集各种编制依据及资料。

2)根据计价指引的要求,确定项目编码、项目特征、计量单位及工程内容,计算清单工程量。

3)根据《广东省建筑与装饰工程综合定额》(2018 上册)的各章说明和计算规则,找出相应的综合定额子目。

4)计算门窗工程分部分项工程费和综合单价。

5. 清单工程量计算表

按给定的计算表格填写。

6. 分部分项工程和单价措施项目清单与计价表

按给定的计算表格填写,并汇总计算门窗工程分部分项工程费。

7. 分部分项工程量综合单价分析表

按给定的表格填写,计算分项工程综合单价。

清单工程量计算表

工程名称:广州市某办公楼　　　　第1页　　共1页

序号	清单编码	项目名称 或轴线位置说明	工程量计算式	计量 单位	工程 量
1	010801001001	木质门(M2)	0.9×2.1×14	m^2	26.46

分部分项工程和单价措施项目清单与计价表

工程名称:广州市某办公楼　　　　　　　　　　　　　　　　第 1 页　　共 1 页

序号	项目编码	项目名称	项目特征描述	计量单位	工程量	金额/元		
						综合单价	合价	其中：暂估价
		0108 门窗工程						
1	010801001001	木质门	1. 门代号及洞口尺寸：M2,900 mm×2100 mm	m^2	26.46	442	11695.32	
本页小计								

分部分项工程量综合单价分析表

工程名称:广州市某办公楼　　　　　　　　　　　　　　　　　　　　　第　页　　共　页

项目编码	010801001001	项目名称	木质门	计量单位	m^2	工程量	26.46

清单综合单价组成明细											
定额编号	定额项目名称	定额单位	数量	单价/元				合价/元			
				人工费	材料费	机具费	管理费和利润	人工费	材料费	机具费	管理费和利润
A1-9-7	无纱镶板门、胶合板门安装 无亮 单扇	100 m^2	0.0096	1875.35	2117.12	1.69	650.58	18	20.32	0.02	6.25
MC1-17	杉木胶合板门框扇 单扇	m^2	0.9599		414				397.41		
人工调整系数		小计						18	417.73	0.02	6.25
		未计价材料费									
清单项目综合单价								442			

材料费明细	主要材料名称、规格、型号	单位	数量	单价/元	合价/元	暂估单价/元	暂估合价/元
	松杂板枋材	m^3	0.0044	1348.1	5.93		
	其他材料费	元	0.0213	1	0.02		
	生石灰	t	0.0016	409.99	0.67		
	杉木胶合板门框扇 单扇	m^2	0.9599	414	397.4		
	其他			—	13.69	—	
	材料费小计			—	417.71	—	

分部分项工程量综合单价分析表

工程名称： 第 页 共 页

项目编码		项目名称		计量单位		工程量	

清单综合单价组成明细											
定额编号	定额项目名称	定额单位	数量	单价				合价			
				人工费	材料费	机具费	管理费和利润	人工费	材料费	机具费	管理费和利润
人工调整系数		小计									
		未计价材料费									
清单项目综合单价											

材料费明细	主要材料名称、规格、型号	单位	数量	单价/元	合价/元	暂估单价/元	暂估合价/元
	其他材料费						
	材料费小计						

分部分项工程量综合单价分析表

工程名称：　　　　　　　　　　　　　　　　　　　　　　　　第　页　　共　页

<table>
<tr><td colspan="2">项目编码</td><td colspan="2"></td><td>项目名称</td><td colspan="2"></td><td>计量单位</td><td></td><td>工程量</td><td colspan="2"></td></tr>
<tr><td colspan="12">清单综合单价组成明细</td></tr>
<tr><td rowspan="2">定额编号</td><td rowspan="2">定额项目名称</td><td rowspan="2">定额单位</td><td rowspan="2">数量</td><td colspan="4">单价</td><td colspan="4">合价</td></tr>
<tr><td>人工费</td><td>材料费</td><td>机具费</td><td>管理费和利润</td><td>人工费</td><td>材料费</td><td>机具费</td><td>管理费和利润</td></tr>
<tr><td></td><td></td><td></td><td></td><td></td><td></td><td></td><td></td><td></td><td></td><td></td><td></td></tr>
<tr><td></td><td></td><td></td><td></td><td></td><td></td><td></td><td></td><td></td><td></td><td></td><td></td></tr>
<tr><td></td><td></td><td></td><td></td><td></td><td></td><td></td><td></td><td></td><td></td><td></td><td></td></tr>
<tr><td></td><td></td><td></td><td></td><td></td><td></td><td></td><td></td><td></td><td></td><td></td><td></td></tr>
<tr><td colspan="2">人工调整系数</td><td colspan="6">小计</td><td></td><td></td><td></td><td></td></tr>
<tr><td colspan="2"></td><td colspan="6">未计价材料费</td><td colspan="4"></td></tr>
<tr><td colspan="8">清单项目综合单价</td><td colspan="4"></td></tr>
<tr><td rowspan="13">材料费明细</td><td colspan="5">主要材料名称、规格、型号</td><td>单位</td><td>数量</td><td>单价/元</td><td>合价/元</td><td>暂估单价/元</td><td>暂估合价/元</td></tr>
<tr><td colspan="5"></td><td></td><td></td><td></td><td></td><td></td><td></td></tr>
<tr><td colspan="5"></td><td></td><td></td><td></td><td></td><td></td><td></td></tr>
<tr><td colspan="5"></td><td></td><td></td><td></td><td></td><td></td><td></td></tr>
<tr><td colspan="5"></td><td></td><td></td><td></td><td></td><td></td><td></td></tr>
<tr><td colspan="5"></td><td></td><td></td><td></td><td></td><td></td><td></td></tr>
<tr><td colspan="5"></td><td></td><td></td><td></td><td></td><td></td><td></td></tr>
<tr><td colspan="5"></td><td></td><td></td><td></td><td></td><td></td><td></td></tr>
<tr><td colspan="5"></td><td></td><td></td><td></td><td></td><td></td><td></td></tr>
<tr><td colspan="5"></td><td></td><td></td><td></td><td></td><td></td><td></td></tr>
<tr><td colspan="5"></td><td></td><td></td><td></td><td></td><td></td><td></td></tr>
<tr><td colspan="5">其他材料费</td><td></td><td></td><td></td><td></td><td></td><td></td></tr>
<tr><td colspan="5">材料费小计</td><td></td><td></td><td></td><td></td><td></td><td></td></tr>
</table>

项目7a 屋面及防水工程、保温隔热工程定额计价

1. 实训目的

1)能读懂建筑设计总说明、工程做法表和建筑施工图(平面、立面、剖面、详图)。

2)能根据办公楼图纸计算屋面及防水、保温隔热工程定额工程量,并能计算出定额分部分项工程费用。

3)熟练把握屋面及防水、保温隔热工程手工计量与计价的方法和技巧。

2. 实训内容

1)计算办公楼屋面找平层、卷材防水、隔热砖、细石混凝土找坡、钢筋、分格缝等工程量。

2)查找上述分项工程的定额子目。

3)计算定额分部分项工程费。

3. 编制依据

1)办公楼工程建筑结构施工图。

2)《广东省房屋建筑与装饰工程综合定额》(2018)(上册、中册、下册)。

3)《广东省建设工程施工机具台班费用编制规则》(2018)。

4. 实训步骤

1)熟悉办公楼工程图纸,了解项目概况,搜集各种编制依据及资料。

2)根据办公楼施工方法和施工说明,重点注意找平层、卷材防水、隔热砖定额子目工程量之间的差异。

3)根据综合定额的各章说明和计算规则,找出相应的综合定额子目。

4)根据所套用的定额子目计算出定额分部分项工程费。

5. 定额工程量计算表

按给定的计算表格填写。

6. 定额分部分项工程预算表

按给定的计算表格填写,并汇总计算出屋面及防水、保温隔热工程定额分部分项工程总费用。

定额工程量计算表

工程名称:广州市某办公楼　　　　　　　　　　　　　　　　　第1页　　共1页

序号	定额编号	项目名称或轴线位置说明	工程量计算式	计量单位	工程量
1	A1-12-1	楼地面 1∶2.5 水泥砂浆找平层 20 mm 厚	(3.8＋5.2－0.12×2)×(12.00＋1.5－0.12×2)＋6.8×(12－0.12×2)＋((12＋1.5＋15.8)×2－0.12×8)×0.25	100 m^2	2.105
2	A1-10-53	2 mm 厚 APP 改性沥青防水卷材	210.54	100 m^2	2.105
3	D1-3-32	土工布	210.54	1000 m^2	0.211

定额分部分项工程预算表

工程名称:广州市某办公楼　　　　第 1 页　　共 1 页

序号	定额编号	子目名称	计量单位	工程量	定额基价/元	合价/元
1	A1-12-1	楼地面水泥砂浆找平层 混凝土或硬基层上 20 mm	100 m^2	2.105	865.86	1822.64
2	80010220	抹灰水泥砂浆(配合比) 中砂 1∶2.5	m^3	4.2521	241.03	1024.88
3	A1-10-53	屋面改性沥青防水卷材 热熔、满铺单层	100 m^2	2.105	4670.83	9832.1
4	D1-3-32	软基处理工程 铺设土工布 一般软土	1000 m^2	0.211	11675.93	2463.62
本页小计						

项目 7b　屋面及防水工程、保温隔热工程清单计价

1. 实训目的

1)能读懂建筑设计总说明、工程做法表和建筑施工图(平面、立面、剖面、详图)。

2)能根据《房屋建筑与装饰工程工程量计算规范》(GB 50854—2013)(以下简称清单规范)计算屋面及防水、保温隔热工程清单工程量,并能计算出清单分部分项工程费用。

3)熟练把握屋面及防水、保温隔热工程手工计量与计价的方法和技巧。

2. 实训内容

1)计算屋面找平层、改性沥青防水卷材、屋面隔热工程量。

2)计算上述清单综合单价。

3)计算分部分项工程费。

3. 编制依据

1)办公楼工程建筑结构施工图。

2)《房屋建筑与装饰工程工程量计算规范》(GB 50854—2013)。

3)《广东省房屋建筑与装饰工程综合定额》(2018)(上册、中册、下册)。

4)《广东省建筑与装饰工程工程量清单计价指引》(2013)(以下称计价指引)。

5)《广东省建设工程施工机具台班费用编制规则》(2018)。

4. 实训步骤

1)熟悉办公楼工程图纸,了解项目概况,搜集各种编制依据及资料。

2)根据办公楼施工方法和施工说明,重点注意屋面及防水、保温隔热工程的工作内容。

3)根据计价指引的要求,确定项目编码、项目特征、计量单位及工程内容,计算清单工程量。

4)套用相应的综合定额子目(见项目 7:屋面及防水工程、保温隔热工程定额计价),计算综合单价。

5)计算清单分部分项工程费。

5. 清单工程量计算表

按给定的计算表格填写。

6. 分部分项工程和单价措施项目清单与计价表

按给定的计算表格填写,并汇总计算屋面及防水工程、保温隔热工程清单分部分项工程费。

7. 分部分项工程量综合单价分析表

按给定的表格填写,计算分项工程综合单价。

清单工程量计算表

工程名称:广州市某办公楼　　　　　　　　　　　　第1页　　共1页

序号	清单编码	项目名称或轴线位置说明	工程量计算式	计量单位	工程量
1	011101006001	平面砂浆找平层(20 mm厚)	(3.8＋5.2－0.12×2)×(12.00＋1.5－0.12×2)＋6.8×(12－0.12×2)＋((12＋1.5＋15.8)×2－0.12×8)×0.25	m^2	210.54
2	010902001001	屋面卷材防水	210.54	m^2	210.54

分部分项工程和单价措施项目清单与计价表

工程名称:广州市某办公楼　　　　第1页　共1页

序号	项目编码	项目名称	项目特征描述	计量单位	工程量	金额/元		
						综合单价	合价	其中:暂估价
		0111 屋面防水及保温工程						
1	011101006001	平面砂浆找平层	1.找平层厚度、砂浆配合比:1∶2.5水泥砂浆找平层20 mm厚	m^2	210.54	22.24	4682.41	
2	011101006002	平面砂浆找平层	1.找平层厚度、砂浆配合比:1∶2.5水泥砂浆找平层25 mm厚	m^2	213.3	26.95	5748.44	
本页小计								

分部分项工程量综合单价分析表

工程名称:广州市某办公楼　　　　　　　　　　　　　第　页　　共　页

<table>
<tr><td colspan="2">项目编码</td><td colspan="2">011101006001</td><td>项目名称</td><td colspan="2">平面砂浆找平层</td><td>计量单位</td><td>m²</td><td>工程量</td><td colspan="2">210.54</td></tr>
<tr><td colspan="12">清单综合单价组成明细</td></tr>
<tr><td rowspan="2">定额编号</td><td rowspan="2">定额项目名称</td><td rowspan="2">定额单位</td><td rowspan="2">数量</td><td colspan="4">单价</td><td colspan="4">合价</td></tr>
<tr><td>人工费</td><td>材料费</td><td>机具费</td><td>管理费和利润</td><td>人工费</td><td>材料费</td><td>机具费</td><td>管理费和利润</td></tr>
<tr><td>A1-12-1</td><td>楼地面水泥砂浆找平层混凝土或硬基层上 20 mm</td><td>100m²</td><td>0.01</td><td>765.66</td><td>48.1</td><td></td><td>288.88</td><td>7.66</td><td>0.48</td><td></td><td>2.89</td></tr>
<tr><td>80010220</td><td>抹灰水泥砂浆(配合比)中砂 1:2.5</td><td>m³</td><td>0.0202</td><td></td><td>555.4</td><td></td><td></td><td></td><td>11.22</td><td></td><td></td></tr>
<tr><td colspan="2">人工调整系数</td><td colspan="6">小计</td><td>7.66</td><td>11.7</td><td></td><td>2.89</td></tr>
<tr><td colspan="2"></td><td colspan="6">未计价材料费</td><td colspan="4"></td></tr>
<tr><td colspan="8">清单项目综合单价</td><td colspan="4">22.24</td></tr>
<tr><td rowspan="9">材料费明细</td><td colspan="5">主要材料名称、规格、型号</td><td>单位</td><td>数量</td><td>单价/元</td><td>合价/元</td><td>暂估单价/元</td><td>暂估合价/元</td></tr>
<tr><td colspan="5">其他材料费</td><td>元</td><td>0.1607</td><td>1</td><td>0.16</td><td></td><td></td></tr>
<tr><td colspan="5">复合普通硅酸盐水泥 P.C 42.5</td><td>t</td><td>0.01</td><td>503.27</td><td>5.03</td><td></td><td></td></tr>
<tr><td colspan="5">中砂</td><td>m³</td><td>0.0233</td><td>276.39</td><td>6.44</td><td></td><td></td></tr>
<tr><td colspan="7">其他材料费</td><td>—</td><td>0.05</td><td>—</td><td></td></tr>
<tr><td colspan="7">材料费小计</td><td>—</td><td>11.68</td><td>—</td><td></td></tr>
<tr><td colspan="5"></td><td></td><td></td><td></td><td></td><td></td><td></td></tr>
<tr><td colspan="5"></td><td></td><td></td><td></td><td></td><td></td><td></td></tr>
<tr><td colspan="5"></td><td></td><td></td><td></td><td></td><td></td><td></td></tr>
</table>

分部分项工程量综合单价分析表

工程名称：广州市某办公楼　　　　　　　　　　　　　　　　　　第　页　共　页

项目编码	011101006002	项目名称	平面砂浆找平层	计量单位	m^2	工程量	213.3

清单综合单价组成明细											
定额编号	定额项目名称	定额单位	数量	单价				合价			
				人工费	材料费	机具费	管理费和利润	人工费	材料费	机具费	管理费和利润
A1-12-1换	楼地面水泥砂浆找平层 混凝土或硬基层上 20mm 实际厚度(mm):25	$100m^2$	0.01	897.87	52.16		338.76	8.98	0.52		3.39
80010220	抹灰水泥砂浆(配合比) 中砂 1∶2.5	m^3	0.0253		555.4				14.06		
人工调整系数		小计						8.98	14.58		3.39
		未计价材料费									
清单项目综合单价								26.95			
材料费明细	主要材料名称、规格、型号					单位	数量	单价/元	合价/元	暂估单价/元	暂估合价/元
	其他材料费					元	0.2013	1	0.2		
	复合普通硅酸盐水泥 P.C 42.5					t	0.0124	503.27	6.24		
	中砂					m^3	0.0293	276.39	8.1		
	其他材料费							—	0.05	—	
	材料费小计							—	14.59	—	

分部分项工程量综合单价分析表

工程名称： 第　页　共　页

<table>
<tr><td colspan="2">项目编码</td><td colspan="2"></td><td>项目名称</td><td colspan="2"></td><td>计量单位</td><td colspan="2"></td><td>工程量</td><td></td></tr>
<tr><td colspan="12">清单综合单价组成明细</td></tr>
<tr><td rowspan="2">定额编号</td><td rowspan="2">定额项目名称</td><td rowspan="2">定额单位</td><td rowspan="2">数量</td><td colspan="4">单价</td><td colspan="4">合价</td></tr>
<tr><td>人工费</td><td>材料费</td><td>机具费</td><td>管理费和利润</td><td>人工费</td><td>材料费</td><td>机具费</td><td>管理费和利润</td></tr>
<tr><td></td><td></td><td></td><td></td><td></td><td></td><td></td><td></td><td></td><td></td><td></td><td></td></tr>
<tr><td></td><td></td><td></td><td></td><td></td><td></td><td></td><td></td><td></td><td></td><td></td><td></td></tr>
<tr><td></td><td></td><td></td><td></td><td></td><td></td><td></td><td></td><td></td><td></td><td></td><td></td></tr>
<tr><td></td><td></td><td></td><td></td><td></td><td></td><td></td><td></td><td></td><td></td><td></td><td></td></tr>
<tr><td colspan="2">人工调整系数</td><td colspan="6">小计</td><td></td><td></td><td></td><td></td></tr>
<tr><td colspan="2"></td><td colspan="6">未计价材料费</td><td colspan="4"></td></tr>
<tr><td colspan="8">清单项目综合单价</td><td colspan="4"></td></tr>
<tr><td rowspan="13">材料费明细</td><td colspan="5">主要材料名称、规格、型号</td><td>单位</td><td>数量</td><td>单价/元</td><td>合价/元</td><td>暂估单价/元</td><td>暂估合价/元</td></tr>
<tr><td colspan="5"></td><td></td><td></td><td></td><td></td><td></td><td></td></tr>
<tr><td colspan="5"></td><td></td><td></td><td></td><td></td><td></td><td></td></tr>
<tr><td colspan="5"></td><td></td><td></td><td></td><td></td><td></td><td></td></tr>
<tr><td colspan="5"></td><td></td><td></td><td></td><td></td><td></td><td></td></tr>
<tr><td colspan="5"></td><td></td><td></td><td></td><td></td><td></td><td></td></tr>
<tr><td colspan="5"></td><td></td><td></td><td></td><td></td><td></td><td></td></tr>
<tr><td colspan="5"></td><td></td><td></td><td></td><td></td><td></td><td></td></tr>
<tr><td colspan="5"></td><td></td><td></td><td></td><td></td><td></td><td></td></tr>
<tr><td colspan="5"></td><td></td><td></td><td></td><td></td><td></td><td></td></tr>
<tr><td colspan="5"></td><td></td><td></td><td></td><td></td><td></td><td></td></tr>
<tr><td colspan="5">其他材料费</td><td></td><td></td><td></td><td></td><td></td><td></td></tr>
<tr><td colspan="5">材料费小计</td><td></td><td></td><td></td><td></td><td></td><td></td></tr>
</table>

分部分项工程量综合单价分析表

工程名称：　　　　　　　　　　　　　　　　　　　　　　　　　　　　第　页　　共　页

<table>
<tr><td colspan="2">项目编码</td><td colspan="2"></td><td>项目
名称</td><td colspan="2"></td><td>计量
单位</td><td colspan="2"></td><td>工程量</td><td></td></tr>
<tr><td colspan="12">清单综合单价组成明细</td></tr>
<tr><td rowspan="2">定额
编号</td><td rowspan="2">定额
项目
名称</td><td rowspan="2">定额
单位</td><td rowspan="2">数量</td><td colspan="4">单价</td><td colspan="4">合价</td></tr>
<tr><td>人工费</td><td>材料费</td><td>机具费</td><td>管理费
和利润</td><td>人工费</td><td>材料费</td><td>机具费</td><td>管理费
和利润</td></tr>
<tr><td></td><td></td><td></td><td></td><td></td><td></td><td></td><td></td><td></td><td></td><td></td><td></td></tr>
<tr><td></td><td></td><td></td><td></td><td></td><td></td><td></td><td></td><td></td><td></td><td></td><td></td></tr>
<tr><td></td><td></td><td></td><td></td><td></td><td></td><td></td><td></td><td></td><td></td><td></td><td></td></tr>
<tr><td></td><td></td><td></td><td></td><td></td><td></td><td></td><td></td><td></td><td></td><td></td><td></td></tr>
<tr><td colspan="2">人工调整
系数</td><td colspan="6">小计</td><td></td><td></td><td></td><td></td></tr>
<tr><td colspan="2"></td><td colspan="6">未计价材料费</td><td colspan="4"></td></tr>
<tr><td colspan="8">清单项目综合单价</td><td colspan="4"></td></tr>
<tr><td rowspan="13">材
料
费
明
细</td><td colspan="5">主要材料名称、规格、型号</td><td>单位</td><td>数量</td><td>单价
/元</td><td>合价
/元</td><td>暂估
单价
/元</td><td>暂估
合价
/元</td></tr>
<tr><td colspan="5"></td><td></td><td></td><td></td><td></td><td></td><td></td></tr>
<tr><td colspan="5"></td><td></td><td></td><td></td><td></td><td></td><td></td></tr>
<tr><td colspan="5"></td><td></td><td></td><td></td><td></td><td></td><td></td></tr>
<tr><td colspan="5"></td><td></td><td></td><td></td><td></td><td></td><td></td></tr>
<tr><td colspan="5"></td><td></td><td></td><td></td><td></td><td></td><td></td></tr>
<tr><td colspan="5"></td><td></td><td></td><td></td><td></td><td></td><td></td></tr>
<tr><td colspan="5"></td><td></td><td></td><td></td><td></td><td></td><td></td></tr>
<tr><td colspan="5"></td><td></td><td></td><td></td><td></td><td></td><td></td></tr>
<tr><td colspan="5"></td><td></td><td></td><td></td><td></td><td></td><td></td></tr>
<tr><td colspan="5"></td><td></td><td></td><td></td><td></td><td></td><td></td></tr>
<tr><td colspan="5">其他材料费</td><td></td><td></td><td></td><td></td><td></td><td></td></tr>
<tr><td colspan="5">材料费小计</td><td></td><td></td><td></td><td></td><td></td><td></td></tr>
</table>

项目8a 模板及其他措施项目定额计价

1. 实训目的

1)能读懂建筑设计总说明、工程做法表和建筑施工图(平面、立面、剖面、详图)。

2)能结合实际工程进行模板及其他措施项目定额工程量计算,并能计算出定额分部分项工程费用。

3)熟练把握模板及其他措施项目手工计量与计价的方法和技巧。

2. 实训内容

1)计算垫层、桩承台、基础梁、柱、梁、板、楼梯、过梁、构造柱、压顶、散水的定额工程量。

2)查找上述分项工程的定额子目。

3)计算分部分项工程费。

3. 编制依据

1)办公楼工程建筑结构施工图。

2)《广东省房屋建筑与装饰工程综合定额》(2018)(上册、中册、下册)。

4. 实训步骤

1)熟悉办公楼工程图纸,了解项目概况,搜集各种编制依据及资料。

2)根据办公楼施工方法和施工说明,列出模板及其他措施项目定额子目。

3)根据综合定额的各章说明和计算规则,查找出相应的综合定额子目。

4)根据所套用的定额子目计算出定额分部分项工程费。

5. 定额工程量计算表

按给定的计算表格填写。

6. 定额分部分项工程预算表

按给定的计算表格填写,并汇总计算出模板及其他措施项目定额分部分项工程总费用。

7. 其他说明

1)本工程所采用的商品混凝土价格中不包含泵送增加费。

2)本工程不考虑窗上部突出的装饰线的模板计算。

定额工程量计算表

工程名称:广州市某办公楼　　　　第1页　　共5页

序号	定额编号	项目名称 或轴线位置说明	工程量计算式	计量 单位	工程 量
1	A1-20-12	基础垫层模板	7.98+16.71	100 m^2	0.247
1.1		桩承台垫层模板		m^2	7.98
		①×④-Ⓐ×Ⓔ	(1.75+0.1×2+0.7+0.1×2)×2×0.1×14	m^2	7.98
1.2		基础梁垫层模板		m^2	16.71
		JKL1	(3.8+2.8+2.4-(0.7/2+0.4/2)×2-0.7×2)×0.1×2	m^2	1.3
		JKL2	(6.8-(0.7/2+0.5/2)+0.1)×0.1×2+(0.3+0.2)×0.1	m^2	1.31
		JKL3 ③×Ⓐ-Ⓓ	(3.8+2.8+2.4-(0.7/2+0.4/2)×2-0.7×2)×0.1×2	m^2	1.3
		JKL3 ③×Ⓓ-Ⓔ	(6.8-(0.7/2+0.5/2)-0.15)×0.1×2	m^2	1.21
		JKL4 ④×Ⓐ-Ⓓ	(3.8+2.8+2.4-(0.7/2+0.4/2)×2-0.7)×0.1×2	m^2	1.44
		JKL4 ④×Ⓓ-Ⓔ	(6.8-(0.7/2+0.5/2)-0.15)×0.1×2	m^2	1.21
		JKL5	(6+6-(1.75/2+0.5/2)×2-1.75)×0.1×2	m^2	1.6
		JKL6	(6+6-(1.75/2+0.5/2)×2-1.75)×0.1×2	m^2	1.6
		JKL7	(6-(1.75/2+0.4/2)-1.75/2)×0.1×2	m^2	0.81
		JKL8	(6+6-(1.75/2+0.5/2)×2-1.75)×0.1×2	m^2	1.6
		JKL9	(4.5+6-(1.75/2+0.4/2)×2-1.75)×0.1×2	m^2	1.32
		L1	(2.1-0.25/2-0.18/2-0.1)×0.1×2	m^2	0.36
		L2	(3.8+2.8+2.4-0.25×3)×0.1×2	m^2	1.65
		小计		m^2	16.71
2	A1-20-13	桩承台模板	(1.75+0.7)×2×1×14	100 m^2	0.686
3	A1-20-32	基础梁模板		100 m^2	1.059
		JKL1	(3.8+2.8+2.4-0.4×3-0.35)×0.5×2-(0.7-0.4)×0.15×2-(0.7-0.35)×0.15×2-(0.7/2-0.4/2)×0.15×2×2	m^2	7.17
		JKL2	(6.8-0.5)×0.7×2-(0.7/2-0.5/2)×0.35×2	m^2	8.75

定额工程量计算表

工程名称:广州市某办公楼　　　　第 2 页　　共 5 页

序号	定额编号	项目名称 或轴线位置说明	工程量计算式	计量 单位	工程 量
		JKL3 ③×Ⓐ－Ⓓ	(3.8＋2.8＋2.4－0.4×3－0.35)×0.5×2－(0.7/2－0.4/2)×0.15×2×2－(0.7－0.4)×0.15×2－(0.7－0.35)×0.15×2－0.18×0.4	m^2	7.09
		JKL3 ③×Ⓓ－Ⓔ	(6.8－0.5)×0.7×2－(0.7/2－0.5/2)×0.35×2	m^2	8.75
		JKL4 ④×Ⓐ－Ⓓ	(3.8＋2.8＋2.4－0.4×3)×0.5×2－(0.7/2－0.4/2)×0.15×2×2－(0.7－0.4)×0.15×2	m^2	7.62
		JKL4 ④×Ⓓ－Ⓔ	(6.8－0.5)×0.7×2－(0.7/2－0.5/2)×0.35×2	m^2	8.75
		JKL5	(12－0.5×3)×0.6×2－(1.75/2－0.5/2)×0.25×2×2－(1.75－0.5)×0.25×2	m^2	11.35
		JKL6	(12－0.5×3)×0.6×2－(1.75/2－0.5/2)×0.25×2×2－(1.75－0.5)×0.25×2	m^2	11.35
		JKL7	(6－0.4－0.4/2)×0.6×2－(1.75/2－0.4/2)×0.25×2×2	m^2	5.81
		JKL8	(12－0.5×3)×0.6×2－(1.75/2－0.5/2)×0.25×2×2－ (1.75－0.5)×0.25×2	m^2	11.35
		JKL9	(4.5＋6－0.4×3)×0.6×2－(1.75/2－0.4/2)×0.25×2×2－(1.75－0.4)×0.25×2	m^2	9.81
		L1	(2.1－0.25/2－0.18/2)×0.4×2	m^2	1.51
		L2	(3.8＋2.8＋2.4－0.25×3)×0.4×2	m^2	6.6
		小计		m^2	105.91
4	A20-15＋ 2×A20-19	首层柱模板、支模高度 5.3 m		100 m^2	1.284
		KZ1	(0.4＋0.5)×2×(5.3－0.1)×6	m^2	56.16
		KZ2	(0.4＋0.35)×2×(5.3－0.1)×2	m^2	15.6
		KZ3	(0.5＋0.4)×2×(5.3－0.1)	m^2	9.36
		KZ1a	(0.4＋0.5)×2×(5.3－0.1)×5	m^2	46.8
		增加部分 (柱与板边)	(0.4×6＋0.5×4)×0.1	m^2	0.44
		小计		m^2	128.36
5	A20-14＋ 2×A20-19	构造柱模板	(0.18＋0.18－0.12＋0.2＋0.1×4)×(4.8＋0.15－0.5)	m^2	3.74
6	A20-15	矩形柱模板(二、三层)(h＝3.6 m)		100 m^2	1.731

定额工程量计算表

工程名称:广州市某办公楼　　　　第 3 页　　共 5 页

序号	定额编号	项目名称 或轴线位置说明	工程量计算式	计量 单位	工程 量
		KZ1	(0.4+0.5)×2×(3.6−0.1)×6×2	m^2	75.6
		KZ2	(0.4+0.35)×2×(3.6−0.1)×2×2	m^2	21
		KZ3	(0.5+0.4)×2×(3.6−0.1)×2	m^2	12.6
		KZ1a	(0.4+0.5)×2×(3.6−0.1)×5×2	m^2	63
		增加部分 (柱与板边)	(0.4×6+0.5×4)×0.1×2	m^2	0.88
		小计		m^2	173.08
7	A1-20-33 +2×A20-40	首层梁模板、支模高度 5.3 m		100 m^2	1.312
		KL1 ①×Ⓐ−Ⓓ	(3.8+2.8+2.4−0.4×3−0.35)×(0.4×2+0.25)−0.18×0.3	m^2	7.77
		KL1 ①×Ⓓ−Ⓔ	6.8×(0.5+0.25)+(6.8−0.25)×0.4	m^2	7.72
		KL2	(15.8−2.8−0.5−0.4×2−0.4/2−0.35/2)×(0.25+0.4×2)	m^2	11.89
		KL3	(15.8−0.5−0.4×3)×(0.25+0.4)+(15.8−0.5−0.4×3)×0.5	m^2	16.21
		KL4	(12−0.5×3)×(0.25+0.4+0.5)+1.5×(0.25+0.3+0.4)	m^2	13.5
		KL5	(12−0.5×3)×(0.25+0.4×2)	m^2	11.03
		KL6	(1.5+4.5−0.4/2−0.4)×(0.25+0.4×2)+(1.5−0.18)×(0.25+0.3×2)	m^2	6.79
		KL7	(12−0.5×3)×(0.25+0.4×2)+1.5×(0.25+0.3+0.4)	m^2	12.45
		KL8	(12−0.25−0.4×3)×(0.25+0.4+0.5)+0.25×0.5	m^2	12.26
		L1	(1.6+2.4+0.25/2+0.18/2−0.25×2)×(0.18+0.3)+(1.6+2.4+0.25/2+0.18/2)×0.4	m^2	3.47
		L2	(3.8+2.8+2.4−0.25×3)×(0.18+0.3×2)	m^2	6.44
		L3	(1.5−0.18)×(0.18+0.3×2)	m^2	1.03
		L4	(2.1−0.25/2−0.18/2)×(0.18+0.3×2)	m^2	1.47
		L5	(6.8−0.25−0.2)×(0.2+0.3×2)×2	m^2	10.16
		L6	(12−0.25×3)×(0.2+0.3×2)	m^2	9

定额工程量计算表

工程名称:广州市某办公楼　　　　第4页　　共5页

序号	定额编号	项目名称或轴线位置说明	工程量计算式	计量单位	工程量
		小计		m^2	131.19
8	A1-20-75+2×A1-20-79	首层板模板、支模高度5.3 m		100 m^2	1.479
		①—③×Ⓐ—Ⓑ	6×3.8—(0.2×0.5+0.4×0.5/4+0.4×0.5+0.25×0.4)—(6—0.5—0.25)×(0.25+0.125)—(3.8—0.4—0.2)×(0.25+0.125)	m^2	19.18
		①—③×Ⓒ—Ⓓ	6×2.4—(0.4×0.5+0.4×0.25+0.4×0.35/2+0.4×0.35 /4)—(6—0.5—0.25)×0.25—(6—0.4—0.2)×0.125—(2.4—0.4—0.35/2)×(0.25+0.125)	m^2	11.32
		③—④×Ⓐ—Ⓓ	6×9—(0.4×0.5×3+0.4×0.5×2/2+0.2×0.35+0.4×0.5 /2)—(6—0.5—0.25)×(0.25×3)—(9—0.4×3—0.35)×0.125—(9—0.4×3)×0.25—(9—0.25×3)×0.18—(2.1—0.25/2—0.18/2)×0.18	m^2	44.39
		①—④×Ⓓ—Ⓔ	12×6.8—(0.4×0.5×3)—(12—0.4×3)×0.25—(12—0.25×3)×0.2—(6.8—0.25)×0.25—(6.8—0.5)×0.25×2—(6.8—0.25—0.2)×0.2×2	m^2	68.72
		①'—①×Ⓐ—①/Ⓐ	(1.5—0.18)×(1.6—0.25—0.18/2)	m^2	1.66
		①'—①×Ⓒ—Ⓓ	(1.5—0.18)×(2.4—0.25—0.25/2)	m^2	2.67
		小计		m^2	147.94
9	A1-20-94	二层阳台模板、支模高度5.3 m	1.5×(2.2+2.8—0.18/2—0.25/2)	100 m^2	0.072
10	A1-20-94	三层阳台模板	1.5×(2.2+2.8—0.18/2—0.25/2)	100 m^2	0.072
11	A1-20-33	二、天面层梁模板		100 m^2	2.703
		③×Ⓑ—Ⓒ	(2.8—0.4/2—0.35/2)×(0.25+0.4×2)	m^2	2.55
		①'—①×①/Ⓐ—Ⓒ	(2.2+2.8—0.25/2—0.18/2)×(0.18+0.3+0.4)+(1.5—0.18)×(0.25+0.3×2)	m^2	5.33
		小计	131.19+131.19+2.55+5.33	m^2	270.26
12	A1-20-75	二、天面层板模板		100 m^2	3.162
		①—③×Ⓑ—Ⓒ	(1.5+4.5)×2.8—(0.4×0.5/2+0.4×0.5/4+0.35×0.4/2+0.35×0.4/4)—(1.5+4.5—0.5—0.25)×0.125—(1.5+4.5—0.4—0.2)×0.125—(2.8—0.2—0.35/2)×(0.25+ 0.125)	m^2	14.3
		小计	147.94×2+5.99+14.3	m^2	316.17

定额工程量计算表

工程名称:广州市某办公楼　　　　　　　　　　　　　　　　　　第5页　　共5页

序号	定额编号	项目名称 或轴线位置说明	工程量计算式	计量 单位	工程 量
13	A1-20-102	小型构件模板	40.87+3.18	100 m^2	0.441
13.1		过梁模板		m^2	40.87
		C1	(0.15×(1.8+0.25×2)×2+0.18×1.8)×7	m^2	7.1
		C2	(0.18×(2.4+0.37×2)×2+0.18×2.4)×12	m^2	18.75
		C3	(0.12×(0.9+0.25×2)×2+0.18×0.9)×7	m^2	3.49
		M1	(0.12×(1.5+0.25×2)×2+0.18×1.5)+ (0.12×(1.5+0.25×2)×2+0.12×1.5)×2	m^2	2.07
		M2	(0.12×(0.9+0.25×2)×2+0.18×0.9)×3+ (0.12×(0.9+0.25×2)×2+0.18×0.9)×7.5	m^2	6.97
		M3	(0.12×(0.9+0.25×2)×2+0.18×0.9)×2+ (0.12×(0.9+0.25×2)×2+0.18×0.9)×3	m^2	2.49
		小计		m^2	40.87
13.2		散水模板	(12+1×2+15.8+1×2)×2×0.05	m^2	3.18
14	A1-20-98	压顶模板	(12+1.5+15.8)×2+(2.2+2.8−0.18/2×2)×2	100 m	0.682
15	A1-20-92	楼梯模板		100 m^2	0.312
		首层楼梯	(1.955+3.92−0.18+0.25)×(2.8−0.18)	m^2	15.58
		二层楼梯	(1.955+3.92−0.18+0.25)×(2.8−0.18)	m^2	15.58
		小计		m^2	31.16
16	A1-21-2	垂直运输	S=建筑面积	100 m^2	5.784

定额分部分项工程预算表

工程名称:广州市某办公楼　　　　　　　　　　　　　　　　　　第1页　　共1页

序号	定额编号	子目名称	计量单位	工程量	定额基价/元	合价/元
1	A1-20-12	基础垫层模板	100 m^2	0.247	2608.6	644.32
本页小计						

项目 8b　模板及其他措施项目清单计价

1. 实训目的

1)能读懂建筑设计总说明、工程做法表和建筑施工图(平面、立面、剖面、详图)。

2)能根据《房屋建筑与装饰工程工程量计算规范》(GB 50854—2013)计算规则计算模板及其他措施项目清单工程量,并能计算出清单分部分项工程费用。

3)熟练把握模板及其他措施项目手工计量与计价的方法和技巧。

2. 实训内容

1)计算垫层、桩承台、基础梁、柱、梁、板、楼梯、过梁、构造柱、压顶、散水模板、垂直运输、成品保护、混凝土泵送增加的清单工程量。

2)根据《房屋建筑与装饰工程工程量计算规范》(GB 50854—2013)查找上述分项工程的清单编码、填写项目特征、计量单位,编制分部分项工程和单价措施项目清单与计价表。

3)计算分部分项工程费和综合单价。

3. 编制依据

1)办公楼工程建筑结构施工图。

2)《房屋建筑与装饰工程工程量计算规范》(GB 50854—2013)。

3)《广东省房屋建筑与装饰工程综合定额》(2018)(上册、中册、下册)。

4)《广东省建筑与装饰工程工程量清单计价指引》(2013)(以下称计价指引)。

5)《广东省建设工程施工机具台班费用编制规则》(2018)。

4. 实训步骤

1)熟悉办公楼工程图纸,了解项目概况,搜集各种编制依据及资料。

2)根据办公楼施工方法和施工说明,重点注意柱子与梁交接的重叠处,梁与梁的交接处等的扣除关系。

3)根据计价指引的要求,确定项目编码、项目特征、计量单位及工程内容,计算清单工程量。

4)根据《广东省房屋建筑与装饰工程综合定额》(2018)的各章说明和计算规则,找出相应的综合定额子目。

5)计算模板及其他措施项目费和综合单价。

5. 清单工程量计算表

按给定的计算表格填写。

6. 分部分项工程和单价措施项目清单与计价表

按给定的计算表格填写,并汇总计算模板及其他措施项目费用。

7. 分部分项工程量综合单价分析表

按给定的表格填写,计算分项工程综合单价。

8. 其他说明

1)本工程所采用的商品混凝土价格中不包含泵送增加费。

2)本工程不考虑窗上部突出的装饰线的模板计算。

清单工程量计算表

工程名称:广州市某办公楼　　　　第 1 页　　共 5 页

序号	清单编码	项目名称或轴线位置说明	工程量计算式	计量单位	工程量
1	011702001001	基础(垫层模板)	1.1+1.2=7.98+16.67	m^2	24.65
1.1		承台垫层模板	(1.75+0.1×2+0.7+0.1×2)×2×0.1×14	m^2	7.98
1.2		基础梁垫层模板		m^2	16.67
		JKL1	(3.8+2.8+2.4−(0.7/2+0.4/2)×2−0.7×2)×0.1×2	m^2	1.3
		JKL2	(6.8−(0.7/2+0.5/2)+0.1)×0.1×2+(0.3+0.2)×0.1	m^2	1.31
		JKL3 ③×Ⓐ−Ⓓ	(3.8+2.8+2.4−(0.7/2+0.4/2)×2−0.7×2)×0.1×2	m^2	1.3
		JKL3 ③×Ⓓ−Ⓔ	(6.8−(0.7/2+0.5/2)−0.15)×0.1×2	m^2	1.21
		JKL4 ④×Ⓐ−Ⓓ	(3.8+2.8+2.4−(0.7/2+0.4/2)×2−0.7)×0.1×2	m^2	1.44
		JKL4 ④×Ⓓ−Ⓔ	(6.8−(0.7/2+0.5/2)−0.15)×0.1×2	m^2	1.21
		JKL5	(6+6−(1.75/2+0.5/2)×2−1.75)×0.1×2	m^2	1.6
		JKL6	(6+6−(1.75/2+0.5/2)×2−1.75)×0.1×2	m^2	1.6
		JKL7	(6−(1.75/2+0.4/2)−1.75/2)×0.1×2	m^2	0.81
		JKL8	(6+6−(1.75/2+0.5/2)×2−1.75)×0.1×2	m^2	1.6
		JKL9	(4.5+6−(1.75/2+0.4/2)×2−1.75)×0.1×2	m^2	1.32
		L1	(2.1−0.25/2−0.18/2−0.1)×0.1×2	m^2	0.36
		L2	(3.8+2.8+2.4−0.25×3)×0.1×2−(0.18+0.1×2)×0.1	m^2	1.61
		小计		m^2	16.67
2	011702001002	基础(承台模板)		m^2	66.35
		①×④−Ⓐ×Ⓔ	(1.75+0.7)×2×1×14	m^2	68.6
		扣除(承台与梁重叠部分)	−(0.25×0.25×18+0.3×0.35×5+0.25×0.15×16)	m^2	−2.25
		小计		m^2	66.35
3	011702005001	基础(梁模板)		m^2	105.35
		JKL1	(3.8+2.8+2.4−0.4×3−0.35)×0.5×2−(0.7−0.4)×0.15×2−(0.7−0.35)×0.15×2−(0.7/2−0.4/2)×0.15×2	m^2	7.17

清单工程量计算表

工程名称:广州市某办公楼　　　　　　　　　　　　　　　　　　第 2 页　　共 5 页

序号	清单编码	项目名称 或轴线位置说明	工程量计算式	计量 单位	工程 量
		JKL2	(6.8－0.5)×0.7×2－(0.7/2－0.5/2)×0.35×2	m^2	8.75
		JKL3 ③×Ⓐ－Ⓓ	(3.8＋2.8＋2.4－0.4×3－0.35)×0.5×2－(0.7/2－0.4/2)×0.15×2×2－(0.7－0.4)×0.15×2－(0.7－0.35)×0.15×2－0.18×0.4	m^2	7.09
		JKL3 ③×Ⓓ－Ⓔ	(6.8－0.5)×0.7×2－(0.7/2－0.5/2)×0.35×2	m^2	8.75
		JKL4 ④×Ⓐ－Ⓓ	(3.8＋2.8＋2.4－0.4×3)×0.5×2－(0.7/2－0.4/2)×0.15×2×2－(0.7－0.4)×0.15×2	m^2	7.62
		JKL4 ④×Ⓓ－Ⓔ	(6.8－0.5)×0.7×2－(0.7/2－0.5/2)×0.35×2	m^2	8.75
		JKL5	(12－0.5×3)×0.6×2－(1.75/2－0.5/2)×0.25×2×2－(1.75－0.5)×0.25×2－0.18×0.4	m^2	11.28
		JKL6	(12－0.5×3)×0.6×2－(1.75/2－0.5/2)×0.25×2×2－(1.75－0.5)×0.25×2－0.18×0.4×2	m^2	11.21
		JKL7	(6－0.4－0.4/2)×0.6×2－(1.75/2－0.4/2)×0.25×2×2	m^2	5.81
		JKL8	(12－0.5×3)×0.6×2－(1.75/2－0.5/2)×0.25×2×2－ (1.75－0.5)×0.25×2－0.18×0.4－0.3×0.7	m^2	11.07
		JKL9	(4.5＋6－0.4×3)×0.6×2－(1.75/2－0.4/2)×0.25×2×2－(1.75－0.4)×0.25×2	m^2	9.81
		L1	(2.1－0.25/2－0.18/2)×0.4×2	m^2	1.51
		L2	(3.8＋2.8＋2.4－0.25×3)×0.4×2－0.18×0.4	m^2	6.53
		小计		m^2	105.35

清单工程量计算表

工程名称:广州市某办公楼　　　　第 3 页　　共 5 页

序号	清单编码	项目名称 或轴线位置说明	工程量计算式	计量 单位	工程 量

清单工程量计算表

工程名称:广州市某办公楼　　　　　　　　　　　　　　　　　　　　第4页　　共5页

序号	清单编码	项目名称 或轴线位置说明	工程量计算式	计量 单位	工程 量

清单工程量计算表

工程名称:广州市某办公楼 第 5 页 共 5 页

序号	清单编码	项目名称 或轴线位置说明	工程量计算式	计量 单位	工程 量

分部分项工程和单价措施项目清单与计价表

工程名称：广州市某办公楼　　　　第1页　　共1页

序号	项目编码	项目名称	项目特征描述	计量单位	工程量	金额/元		
						综合单价	合价	其中：暂估价
		0117 模板工程及其他措施项目						
1	011702001001	基础	基础类型：基础垫层模板	m^2	24.65	31.18	768.59	
本页小计								

分部分项工程量综合单价分析表

工程名称:广州市某办公楼　　　　第　页　共　页

<table>
<tr><td colspan="2">项目编码</td><td colspan="2">011702001001</td><td colspan="2">项目名称</td><td colspan="2">基础</td><td>计量单位</td><td>m^2</td><td>工程量</td><td>24.65</td></tr>
<tr><td colspan="12">清单综合单价组成明细</td></tr>
<tr><td rowspan="2">定额编号</td><td rowspan="2">定额项目名称</td><td rowspan="2">定额单位</td><td rowspan="2">数量</td><td colspan="4">单价/元</td><td colspan="4">合价/元</td></tr>
<tr><td>人工费</td><td>材料费</td><td>机具费</td><td>管理费和利润</td><td>人工费</td><td>材料费</td><td>机具费</td><td>管理费和利润</td></tr>
<tr><td>A1-20-12</td><td>基础垫层模板</td><td>100 m^2</td><td>0.01</td><td>1131.02</td><td>1357.68</td><td>72.03</td><td>557.61</td><td>11.31</td><td>13.58</td><td>0.72</td><td>5.58</td></tr>
<tr><td colspan="2">人工调整系数</td><td colspan="6">小计</td><td>11.31</td><td>13.58</td><td>0.72</td><td>5.58</td></tr>
<tr><td colspan="2"></td><td colspan="6">未计价材料费</td><td colspan="4"></td></tr>
<tr><td colspan="8">清单项目综合单价</td><td colspan="4">31.18</td></tr>
<tr><td rowspan="5">材料费明细</td><td colspan="3">主要材料名称、规格、型号</td><td colspan="2">单位</td><td colspan="2">数量</td><td>单价/元</td><td>合价/元</td><td>暂估单价/元</td><td>暂估合价/元</td></tr>
<tr><td colspan="3">松杂板枋材</td><td colspan="2">m^3</td><td colspan="2">0.009</td><td>1348.1</td><td>12.13</td><td></td><td></td></tr>
<tr><td colspan="3">圆钉 50～75</td><td colspan="2">kg</td><td colspan="2">0.1973</td><td>3.54</td><td>0.7</td><td></td><td></td></tr>
<tr><td colspan="3">隔离剂</td><td colspan="2">kg</td><td colspan="2">0.1</td><td>7.05</td><td>0.71</td><td></td><td></td></tr>
<tr><td colspan="7">材料费小计</td><td>—</td><td>13.54</td><td>—</td><td></td></tr>
</table>

分部分项工程量综合单价分析表

工程名称：　　　　　　　　　　　　　　　　　　　　　　　　第　页　　共　页

<table>
<tr><td colspan="2">项目编码</td><td colspan="2"></td><td>项目名称</td><td colspan="3"></td><td>计量单位</td><td></td><td>工程量</td><td></td></tr>
<tr><td colspan="12">清单综合单价组成明细</td></tr>
<tr><td rowspan="2">定额编号</td><td rowspan="2">定额项目名称</td><td rowspan="2">定额单位</td><td rowspan="2">数量</td><td colspan="4">单价</td><td colspan="4">合价</td></tr>
<tr><td>人工费</td><td>材料费</td><td>机具费</td><td>管理费和利润</td><td>人工费</td><td>材料费</td><td>机具费</td><td>管理费和利润</td></tr>
<tr><td></td><td></td><td></td><td></td><td></td><td></td><td></td><td></td><td></td><td></td><td></td><td></td></tr>
<tr><td></td><td></td><td></td><td></td><td></td><td></td><td></td><td></td><td></td><td></td><td></td><td></td></tr>
<tr><td></td><td></td><td></td><td></td><td></td><td></td><td></td><td></td><td></td><td></td><td></td><td></td></tr>
<tr><td></td><td></td><td></td><td></td><td></td><td></td><td></td><td></td><td></td><td></td><td></td><td></td></tr>
<tr><td colspan="2">人工调整系数</td><td colspan="6">小计</td><td></td><td></td><td></td><td></td></tr>
<tr><td colspan="2"></td><td colspan="6">未计价材料费</td><td colspan="4"></td></tr>
<tr><td colspan="8">清单项目综合单价</td><td colspan="4"></td></tr>
<tr><td rowspan="13">材料费明细</td><td colspan="5">主要材料名称、规格、型号</td><td>单位</td><td>数量</td><td>单价/元</td><td>合价/元</td><td>暂估单价/元</td><td>暂估合价/元</td></tr>
<tr><td colspan="5"></td><td></td><td></td><td></td><td></td><td></td><td></td></tr>
<tr><td colspan="5"></td><td></td><td></td><td></td><td></td><td></td><td></td></tr>
<tr><td colspan="5"></td><td></td><td></td><td></td><td></td><td></td><td></td></tr>
<tr><td colspan="5"></td><td></td><td></td><td></td><td></td><td></td><td></td></tr>
<tr><td colspan="5"></td><td></td><td></td><td></td><td></td><td></td><td></td></tr>
<tr><td colspan="5"></td><td></td><td></td><td></td><td></td><td></td><td></td></tr>
<tr><td colspan="5"></td><td></td><td></td><td></td><td></td><td></td><td></td></tr>
<tr><td colspan="5"></td><td></td><td></td><td></td><td></td><td></td><td></td></tr>
<tr><td colspan="5"></td><td></td><td></td><td></td><td></td><td></td><td></td></tr>
<tr><td colspan="5"></td><td></td><td></td><td></td><td></td><td></td><td></td></tr>
<tr><td colspan="5">其他材料费</td><td></td><td></td><td></td><td></td><td></td><td></td></tr>
<tr><td colspan="5">材料费小计</td><td></td><td></td><td></td><td></td><td></td><td></td></tr>
</table>

分部分项工程量综合单价分析表

工程名称：　　　　　　　　　　　　　　　　　　　　　　　　　　　第　页　共　页

<table>
<tr><td colspan="2">项目编码</td><td colspan="2"></td><td>项目名称</td><td colspan="2"></td><td>计量单位</td><td></td><td>工程量</td><td colspan="2"></td></tr>
<tr><td colspan="12">清单综合单价组成明细</td></tr>
<tr><td rowspan="2">定额编号</td><td rowspan="2">定额项目名称</td><td rowspan="2">定额单位</td><td rowspan="2">数量</td><td colspan="4">单价</td><td colspan="4">合价</td></tr>
<tr><td>人工费</td><td>材料费</td><td>机具费</td><td>管理费和利润</td><td>人工费</td><td>材料费</td><td>机具费</td><td>管理费和利润</td></tr>
<tr><td></td><td></td><td></td><td></td><td></td><td></td><td></td><td></td><td></td><td></td><td></td><td></td></tr>
<tr><td></td><td></td><td></td><td></td><td></td><td></td><td></td><td></td><td></td><td></td><td></td><td></td></tr>
<tr><td></td><td></td><td></td><td></td><td></td><td></td><td></td><td></td><td></td><td></td><td></td><td></td></tr>
<tr><td></td><td></td><td></td><td></td><td></td><td></td><td></td><td></td><td></td><td></td><td></td><td></td></tr>
<tr><td colspan="2">人工调整系数</td><td colspan="6">小计</td><td></td><td></td><td></td><td></td></tr>
<tr><td colspan="2"></td><td colspan="6">未计价材料费</td><td colspan="4"></td></tr>
<tr><td colspan="8">清单项目综合单价</td><td colspan="4"></td></tr>
<tr><td rowspan="13">材料费明细</td><td colspan="5">主要材料名称、规格、型号</td><td>单位</td><td>数量</td><td>单价/元</td><td>合价/元</td><td>暂估单价/元</td><td>暂估合价/元</td></tr>
<tr><td colspan="5"></td><td></td><td></td><td></td><td></td><td></td><td></td></tr>
<tr><td colspan="5"></td><td></td><td></td><td></td><td></td><td></td><td></td></tr>
<tr><td colspan="5"></td><td></td><td></td><td></td><td></td><td></td><td></td></tr>
<tr><td colspan="5"></td><td></td><td></td><td></td><td></td><td></td><td></td></tr>
<tr><td colspan="5"></td><td></td><td></td><td></td><td></td><td></td><td></td></tr>
<tr><td colspan="5"></td><td></td><td></td><td></td><td></td><td></td><td></td></tr>
<tr><td colspan="5"></td><td></td><td></td><td></td><td></td><td></td><td></td></tr>
<tr><td colspan="5"></td><td></td><td></td><td></td><td></td><td></td><td></td></tr>
<tr><td colspan="5"></td><td></td><td></td><td></td><td></td><td></td><td></td></tr>
<tr><td colspan="5"></td><td></td><td></td><td></td><td></td><td></td><td></td></tr>
<tr><td colspan="5">其他材料费</td><td></td><td></td><td></td><td></td><td></td><td></td></tr>
<tr><td colspan="5">材料费小计</td><td></td><td></td><td></td><td></td><td></td><td></td></tr>
</table>

附录 1
招标控制价编制表格

______________________________工程

招 标 控 制 价

招　标　人：______________________________
（单位盖章）

造价咨询人：______________________________
（单位盖章）

年　月　日

______________________工程

招 标 控 制 价

招标控制价　（小写）：______________________

（大写）：______________________

招　标　人：______________　造价咨询人：______________
（单位盖章）　（单位资质专用章）

法定代理人　法定代理人
或其授权人：______________　或其授权人：______________
（签字或盖章）　（签字或盖章）

编　制　人：______________　复　核　人：______________
（造价人员签字盖专用章）　（造价工程师签字盖专用章）

编 制 时 间：______________　复 核 时 间：______________

总　说　明

工程名称:广州市某办公楼　　　　第1页　　共1页

单位工程招标控制价汇总表

工程名称：广州市某办公楼　　　　标段：　　　　　　第　页　共　页

序号	汇总内容	金额/元	其中：暂估价/元
1	分部分项合计		
2	措施合计		
3	其他项目		
4	税前工程造价		
5	增值税销项税额		
6	总造价		
7	人工费		
招标控制价合计＝1＋2＋3＋5			

注：本表适用于单位工程招标控制价或投标报价的汇总，如无单位工程划分，单项工程也使用本表汇总

分部分项工程和单价措施项目清单与计价表

工程名称：　　　　　　　　　　　　标段：　　　　　　　　　　第　页　共　页

序号	项目编码	项目名称	项目特征描述	计量单位	工程量	金额/元		
						综合单价	综合合价	其中：暂估价
本页小计								

注：为计取规费等的使用，可在表中增设其中："定额人工费"。

综合单价分析表(略)

工程名称： 标段： 第 页 共 页

<table>
<tr><td colspan="2">项目编码</td><td colspan="2"></td><td>项目名称</td><td colspan="2"></td><td>计量单位</td><td></td><td>工程量</td><td colspan="2"></td></tr>
<tr><td colspan="12">清单综合单价组成明细</td></tr>
<tr><td rowspan="2">定额编号</td><td rowspan="2">定额项目名称</td><td rowspan="2">定额单位</td><td rowspan="2">数量</td><td colspan="4">单价</td><td colspan="4">合价</td></tr>
<tr><td>人工费</td><td>材料费</td><td>机具费</td><td>管理费和利润</td><td>人工费</td><td>材料费</td><td>机具费</td><td>管理费和利润</td></tr>
<tr><td></td><td></td><td></td><td></td><td></td><td></td><td></td><td></td><td></td><td></td><td></td><td></td></tr>
<tr><td></td><td></td><td></td><td></td><td></td><td></td><td></td><td></td><td></td><td></td><td></td><td></td></tr>
<tr><td></td><td></td><td></td><td></td><td></td><td></td><td></td><td></td><td></td><td></td><td></td><td></td></tr>
<tr><td></td><td></td><td></td><td></td><td></td><td></td><td></td><td></td><td></td><td></td><td></td><td></td></tr>
<tr><td colspan="2">人工调整系数</td><td colspan="6">小计</td><td></td><td></td><td></td><td></td></tr>
<tr><td colspan="2"></td><td colspan="6">未计价材料费</td><td colspan="4"></td></tr>
<tr><td colspan="8">清单项目综合单价</td><td colspan="4"></td></tr>
<tr><td rowspan="14">材料费明细</td><td colspan="5">主要材料名称、规格、型号</td><td>单位</td><td>数量</td><td>单价/元</td><td>合价/元</td><td>暂估单价/元</td><td>暂估合价/元</td></tr>
<tr><td colspan="5"></td><td></td><td></td><td></td><td></td><td></td><td></td></tr>
<tr><td colspan="5"></td><td></td><td></td><td></td><td></td><td></td><td></td></tr>
<tr><td colspan="5"></td><td></td><td></td><td></td><td></td><td></td><td></td></tr>
<tr><td colspan="5"></td><td></td><td></td><td></td><td></td><td></td><td></td></tr>
<tr><td colspan="5"></td><td></td><td></td><td></td><td></td><td></td><td></td></tr>
<tr><td colspan="5"></td><td></td><td></td><td></td><td></td><td></td><td></td></tr>
<tr><td colspan="5"></td><td></td><td></td><td></td><td></td><td></td><td></td></tr>
<tr><td colspan="5"></td><td></td><td></td><td></td><td></td><td></td><td></td></tr>
<tr><td colspan="5"></td><td></td><td></td><td></td><td></td><td></td><td></td></tr>
<tr><td colspan="5"></td><td></td><td></td><td></td><td></td><td></td><td></td></tr>
<tr><td colspan="5"></td><td></td><td></td><td></td><td></td><td></td><td></td></tr>
<tr><td colspan="5">其他材料费</td><td></td><td></td><td></td><td></td><td></td><td></td></tr>
<tr><td colspan="5">材料费小计</td><td></td><td></td><td></td><td></td><td></td><td></td></tr>
</table>

注：1. 如不使用省级或行业建设主管部门发布的计价依据，可不填定额编码、名称等；

2. 招标文件提供了暂估单价的材料，按暂估的单价填入表内“暂估单价”栏及“暂估合价”栏。

总价措施项目清单与计价表

工程名称： 标段： 第 页 共 页

序号	项目编码	项目名称	计算基础	费率/(%)	金额/元	调整费率/(%)	调整后金额/元	备注
1	LSSGCSF00001	绿色施工安全防护措施费	分部分项人工费＋分部分项机具费					以分部分项的人工费与施工机具费之和为计算基础，费率19%
2	011707002001	夜间施工增加费						以夜间施工项目人工费的20%计算
3	GGCSF0000001	赶工措施费	分部分项人工费＋分部分项机具费					赶工措施费＝(1－δ)×分部分项的(人工费＋施工机具费)×0.3(0.8≤δ<1，δ＝合同工期/定额工期)
4	QTFY00000001	其他费用						按经批准的专项施工组织方案计算
5	WMGDZJF00001	文明工地增加费	分部分项人工费＋分部分项机具费					以分部分项的人工费与施工机具费之和为计算基础，市级文明工地为1.20%；省级文明工地为2.10%
合计								

编制人(造价人员)： 复核人(造价工程师)：

其他项目清单与计价汇总表

工程名称：　　　　　　　　　　　　　　标段：　　　　　　　　　　　　　　第　页　共　页

序号	项目名称	金额/元	结算金额/元	备注
1	暂列金额			明细详见表-12-1
2	暂估价			
2.1	材料暂估价	—		明细详见表-12-2
2.2	专业工程暂估价			明细详见表-12-3
3	计日工			明细详见表-12-4
4	总承包服务费			明细详见表-12-5
5	预算包干费			
6	工程优质费			
7	概算幅度差			
8	现场签证费用			
9	索赔费用			
10	其他费用			
	合 计			—

注：材料（工程设备）暂估单价进入清单项目综合单价，此处不汇总。

暂列金额明细表

工程名称：　　　　　　　　　　标段：　　　　　　　　　　第　页 共　页

序号	名称	计量单位	暂定金额/元	备注
1				
合计				—

注：此表由招标人填写，如不能详列，也可只列暂列金额总额，投标人应将上述暂列金额计入投标总价中。

材料(工程设备)暂估单价及调整表

工程名称：　　　　　　　　　　　　　　　　　标段：　　　　　　　　　　　　　　第　　页　共　　页

序号	材料(工程设备)名称、规格、型号	计量单位	数量		暂估/元		确认/元		差额/元		备注
			暂估	确认	单价	合价	单价	合价	单价	合价	
合计											

注：1. 此表由招标人填写“暂估单价”，并在备注栏说明暂估价的材料、工程设备拟用在那些清单项目上，投标人应将上述材料、工程设备暂估单价计入工程量清单综合单价报价中

专业工程暂估价及结算价表

工程名称：　　　　　　　　　　　　　　标段：　　　　　　　　　　　　　　第　页　共　页

序号	工程名称	工程内容	暂估金额/元	结算金额/元	差额/元	备注
1						
合计			0.00			—

注：此表“暂估金额”由招标人填写，投标人应将“暂估金额”计入投标总价中。结算时按合同约定结算金额填写。

计日工表

工程名称：　　　　　　　　　　　　　　　　标段：　　　　　　　　　　　　　第　页　共　页

编号	项目名称	单位	暂定数量	实际数量	综合单价/元	合价/元	
						暂定	实际
1	人工						
1.1							
人工小计							
2	材料						
2.1							
材料小计							
3	施工机具						
3.1							
施工机具小计							
4.企业管理费和利润							
总计							

注：此表项目名称、暂定数量由招标人填写，编制招标控制价时，单价由招标人按有关计价规定确定；投标时，单价由投标人自主报价，按暂定数量计算合价计入投标总价中。结算时，按发承包双方确认的实际数量计算合价。

总承包服务费计价表

工程名称：　　　　　　　　　　　　　　标段：　　　　　　　　　　　　　　第　页　共　页

序号	项目名称	项目价值/元	服务内容	计算基础	费率/(%)	金额
合计						

注：此表项目名称、服务内容由招标人填写，编制招标控制价时，费率及金额由招标人按有关计价规定确定；投标时，费率及金额由投标人自主报价，计入投标总价中。

规费、税金项目清单与计价表

工程名称：　　　　　　　　　　　　　　标段：　　　　　　　　　　　　第　页　共　页

序号	项目名称	计算基础	计算基数	计算费率/(%)	金额/元
1	增值税销项税额	分部分项合计＋措施合计＋其他项目			
合计					

编制人(造价人员)：　　　　　　　　　　　　复核人(造价工程师)：

附录 2
招标控制价编制计价文件

广州市某办公楼 工程

招 标 控 制 价

招　标　人：广州盛乔地产开发公司
（单位盖章）

造价咨询人：鑫利造价咨询
（单位盖章）

2022 年 8 月 25 日

广州市某办公楼　工程

招 标 控 制 价

招标控制价　　（小写）：840756.01

（大写）：捌拾肆万零柒佰伍拾陆元零壹分

招　标　人：广州盛乔地产开发公司
（单位盖章）

造价咨询人：鑫利造价咨询
（单位资质专用章）

法定代理人
或其授权人：
（签字或盖章）

法定代理人
或其授权人：
（签字或盖章）

编　制　人：黄颖 51023008262
（造价人员签字盖专用章）

复　核　人：刘启
（造价工程师签字盖专用章）

编 制 时 间：2022-08-16

复 核 时 间：2022-08-22

总 说 明

工程名称：广州市某办公楼　　　　第1页　　共1页

一、工程概况

本工程为广州市某办公楼，多层民用建筑。本工程建筑物高度为12 m，共3层，首层4.80 m，二、三层均为3.60 m，建筑面积578.38m^2。本工程抗震设防烈度为6度，框架结构，耐火等级为二级。

二、编制依据

(1)《办公建筑设计标准》(JGJ/T67－2019)；

(2)《建筑设计防火规范(2018年版)》(GB50016－2014)；

(3)工程建设标准强制性条文(房屋建筑部分)；

(4)计价依据：采用清单计价，执行国家《房屋建筑与装饰工程工程量计算规范》(GB50854－2013)、《广东省房屋建筑与装饰工程综合定额》(2018)等；

(5)取费标准：预算包干费按7%计取；

(6)人工费按2022年6月份《广州市建设工程价格信息》中的人工价格指数进行调整；

(7)材料价格：按2022年6月份《广州市建设工程价格信息》公布的当月材料价格执行，《广州市建设工程价格信息》中没有相应价格的，不做调整。

三、编制范围

(1)土石方工程；

(2)桩基础工程；

(3)砌筑工程；

(4)混凝土及钢筋混凝土工程；

(5)门窗工程；

(6)屋面及防水工程、保温隔热工程；

(7)模板工程；

(8)脚手架工程；

(9)其他工程。

单位工程招标控制价汇总表

工程名称:广州市某办公楼　　　　　　　　　　标段:　　　　　　　　　　　　　第 1 页　共 1 页

序号	汇总内容	金额/元	其中:暂估价/元
1	分部分项合计	564962.08	
1.1	1 土石方工程	12681.29	
1.2	2 桩基工程	94739.88	
1.3	3 砌筑工程	81225.01	
1.4	4 混凝土及钢筋混凝土工程	264275.33	
1.5	5 门窗工程	66365.58	
1.6	6 防水工程、保温隔热工程	45674.99	
2	措施合计	190051.35	
2.1	绿色施工安全防护措施费	57031.10	
2.2	其他措施费	133020.25	
3	其他项目	16322.36	—
3.1	暂列金额	8788.39	
3.2	暂估价		
3.3	计日工		
3.4	总承包服务费		
3.5	预算包干费	7533.97	
3.6	工程优质费		
3.7	概算幅度差		
3.8	索赔费用		
3.9	现场签证费用		
3.10	其他费用		
4	税前工程造价	771335.79	
5	增值税销项税额	69420.22	—
6	总造价	840756.01	
7	人工费	163024.12	
招标控制价合计=1+2+3+5		840756.01	0.00

注:本表适用于单位工程招标控制价或投标报价的汇总,如无单位工程划分,单项工程也使用本表汇总。

分部分项工程和单价措施项目清单与计价表

工程名称:广州市某办公楼　　　　标段:　　　　第 1 页　共 9 页

序号	项目编码	项目名称	项目特征描述	计量单位	工程量	金额/元		
						综合单价	综合合价	其中 暂估价
	1	土石方工程					12681.29	
1	010101001001	平整场地	土壤类别:三类土	m^2	179.4	5.29	949.03	
2	010101003001	挖沟槽土方	1. 土壤类别:三类土 2. 挖土深度:1.45 m	m^3	46.61	78.21	3645.37	
3	010101004001	挖基坑土方	1. 土壤类别:三类土 2. 挖土深度:0.8 m	m^3	77.65	82.12	6376.62	
4	010103001001	回填方	填方来源:原土回填	m^3	86.24	11.27	971.92	
5	010103002001	余方弃置	运距:5 km	m^3	38.02	19.42	738.35	
	2	桩基工程					94739.88	
6	010301002003	预制钢筋混凝土管桩	1. 地层情况:三类土 2. 送桩深度、桩长:送桩至基础底面－1.4 m,桩长 12 m 3. 桩外径、壁厚:桩外径 400 mm,壁厚 95 mm 4. 沉桩方法:静压力压桩 5. 桩尖类型:封底十字刀刃桩靴 6. 混凝土强度等级:C30 7. 填充材料种类:微膨胀普通商品混凝土	m	288	244.83	70511.04	
本页小计							83192.33	

注:为计取规费等的使用,可在表中增设其中:“定额人工费”。

分部分项工程和单价措施项目清单与计价表

工程名称：广州市某办公楼　　　　标段：　　　　第 2 页　共 9 页

序号	项目编码	项目名称	项目特征描述	计量单位	工程量	金额/元		
						综合单价	综合合价	其中 暂估价
7	010301002002	预制钢筋混凝土管桩	1. 地层情况：三类土 2. 送桩深度、桩长：送桩至基础底面－1.4 m，桩长 12 m 3. 桩外径、壁厚：桩外径 400 mm，壁厚 95 mm 4. 沉桩方法：静压力压桩 5. 桩尖类型：封底十字刀刃桩靴 6. 混凝土强度等级：C30 7. 填充材料种类：微膨胀普通商品混凝土	m	48	312.25	14988	
8	粤 010301005001	预制钢筋混凝土管桩桩尖	1. 桩尖类型：封底十字刀刃 2. 设计材质：钢制 3. 桩尖质量：35 kg	个	28	330.03	9240.84	
	3	砌筑工程					81225.01	
9	010401003001	实心砖墙	1. 砖品种、规格、强度等级：标准砖 240 mm×115 mm×53 mm 2. 墙体类型：外墙 180 厚 3. 砂浆强度等级、配合比：M5 水泥石灰砂浆	m^3	82.09	621.35	51006.62	
10	010401003002	实心砖墙	1. 砖品种、规格、强度等级：标准砖 240 mm×115 mm×53 mm 2. 墙体类型：外墙 120 厚 3. 砂浆强度等级、配合比：M5 水泥石灰砂浆	m^3	5.2	642.96	3343.39	
本页小计							78578.85	

注：为计取规费等的使用，可在表中增设其中："定额人工费"。

分部分项工程和单价措施项目清单与计价表

工程名称:广州市某办公楼　　　　标段:　　　　第 3 页　共 9 页

序号	项目编码	项目名称	项目特征描述	计量单位	工程量	金额/元 综合单价	综合合价	其中 暂估价
11	010401003003	实心砖墙	1. 砖品种、规格、强度等级:标准砖 2. 墙体类型:内墙 120 厚 3. 砂浆强度等级、配合比:M5 水泥石灰砂浆	m^3	35.96	622.55	22386.9	
12	010401003004	实心砖墙	1. 砖品种、规格、强度等级:标准砖 240 mm×115 mm×53 mm 2. 墙体类型:内墙 180 厚 3. 砂浆强度等级、配合比:M5 水泥石灰砂浆	m^3	5.94	602.16	3576.83	
13	010401012001	零星砌砖	1. 零星砌砖名称、部位:阳台栏板 2. 砖品种、规格、强度等级:标准砖 240 mm×115 mm×53 mm 3. 砂浆强度等级、配合比:M5 水泥石灰砂浆	m	9.64	94.53	911.27	
	4	混凝土及钢筋混凝土工程					264275.3	
14	010501001001	垫层	1. 混凝土种类:普通商品混凝土 2. 混凝土强度等级:C15	m^3	6.24	676.22	4219.61	
15	010501005001	桩承台基础	1. 混凝土种类:普通商品混凝土 2. 混凝土强度等级:C25	m^3	17.15	710.1	12178.22	
16	010502001001	矩形柱	1. 混凝土种类:普通商品混凝土 2. 混凝土强度等级:C25	m^3	33.77	838.63	28320.54	
本页小计							71593.37	

注:为计取规费等的使用,可在表中增设其中:“定额人工费”。

分部分项工程和单价措施项目清单与计价表

工程名称：广州市某办公楼　　　　标段：　　　　第 4 页　共 9 页

序号	项目编码	项目名称	项目特征描述	计量单位	工程量	金额/元		
						综合单价	综合合价	其中 暂估价
17	010502002001	构造柱	1.混凝土种类：普通商品混凝土 2.混凝土强度等级：C20	m^3	0.21	906.51	190.37	
18	010503001001	基础梁	1.混凝土种类：普通商品混凝土 2.混凝土强度等级：C25	m^3	13.6	706.87	9613.43	
19	010503005001	过梁	1.混凝土种类：普通商品混凝土 2.混凝土强度等级：C20	m^3	2.32	806.85	1871.89	
20	010505001001	有梁板	1.混凝土种类：普通商品混凝土 2.混凝土强度等级：C25	m^3	90.43	726.56	65702.82	
21	010505008001	雨篷、悬挑板、阳台板	1.混凝土种类：普通商品混凝土 2.混凝土强度等级：C25	m^3	2.16	910.95	1967.65	
22	010506001001	直形楼梯	1.混凝土种类：普通商品混凝土 2.混凝土强度等级：C25	m^3	5.65	791.5	4471.98	
23	010507001001	散水、坡道	1.垫层材料种类、厚度：150 厚 3:7 灰土 2.面层厚度：50 mm 3.混凝土种类：普通商品混凝土 4.混凝土强度等级：C20	m^2	62.6	69.04	4321.9	
24	010507005001	扶手、压顶	1.混凝土种类：普通商品混凝土 2.混凝土强度等级：C25	m^3	1.71	935.26	1599.29	
本页小计							89739.33	

注：为计取规费等的使用，可在表中增设其中："定额人工费"。

分部分项工程和单价措施项目清单与计价表

工程名称:广州市某办公楼　　标段:　　第 5 页　共 9 页

序号	项目编码	项目名称	项目特征描述	计量单位	工程量	金额/元		
						综合单价	综合合价	其中 暂估价
25	010515001002	现浇构件钢筋	钢筋种类、规格:Ⅲ级、螺纹钢 Φ10 以内	t	2.24	6193.42	13873.26	
26	010515001003	现浇构件钢筋	钢筋种类、规格:Ⅲ级、螺纹钢 Φ25 以内	t	19.76	5867.63	115944.4	
	5	门窗工程					66365.58	
27	010801001001	木质门	门代号及洞口尺寸:M2,900 mm×2100 mm	m^2	26.46	442	11695.32	
28	010802001001	金属(塑钢)门	1.门代号及洞口尺寸:M3,900 mm×2100 mm 2.门框或扇外围尺寸:46 系列双扇铝合金平开门	m^2	9.45	577.35	5455.96	
29	010802003001	钢质防火门	1.门代号及洞口尺寸:M1, 1500 mm × 2400 mm 2.门框、扇材质:钢制防火门双扇(甲级)	m^2	10.8	661.71	7146.47	
30	010807001001	金属(塑钢、断桥)窗	1.窗代号及洞口尺寸:C1, 1800 mm × 1800 mm 2.框、扇材质:90 系列铝合金推拉窗	m^2	22.68	483.55	10966.91	
31	010807001002	金属(塑钢、断桥)窗	1.窗代号及洞口尺寸:C2, 2400 mm × 1800 mm 2.框、扇材质:90 系列铝合金推拉窗	m^2	51.84	483.49	25064.12	
本页小计							190146.4	

注:为计取规费等的使用,可在表中增设其中:"定额人工费"。

分部分项工程和单价措施项目清单与计价表

工程名称：广州市某办公楼　　　　标段：　　　　第 6 页　共 9 页

序号	项目编码	项目名称	项目特征描述	计量单位	工程量	金额/元		
						综合单价	综合合价	其中 暂估价
32	010807001003	金属(塑钢、断桥)窗	1.窗代号及洞口尺寸：C3,900 mm×1800 mm 2.框、扇材质：90 系列铝合金推拉窗	m^2	11.34	473.44	5368.81	
33	010807001004	金属(塑钢、断桥)窗	1.窗代号及洞口尺寸：C1,900 mm×800 mm 2.框、扇材质：90 系列铝合金推拉窗	m^2	1.44	463.88	667.99	
	6	防水工程、保温隔热工程					45674.99	
34	011101006001	平面砂浆找平层	找平层厚度、砂浆配合比：1∶2.5 水泥砂浆找平层 20 mm 厚	m^2	210.54	22.24	4682.41	
35	011101006002	平面砂浆找平层	找平层厚度、砂浆配合比：1∶2.5 水泥砂浆找平层 25 mm 厚	m^2	213.3	26.95	5748.44	
36	010902001001	屋面卷材防水	1.卷材品种、规格、厚度：APP 改性沥青防水卷材 2 mm 厚 2.防水层数：单层	m^2	210.54	58.63	12343.96	
37	010902003001	屋面刚性层	1.刚性层厚度：3.5 cm 2.混凝土种类：细石混凝土 3.混凝土强度等级：C20 4.嵌缝材料种类：石油沥青 5.钢筋规格、型号：D4@150 双向布置	m^2	213.3	40.61	8662.11	
本页小计							37473.72	

注：为计取规费等的使用，可在表中增设其中："定额人工费"。

分部分项工程和单价措施项目清单与计价表

工程名称:广州市某办公楼　　　　　　　　标段:　　　　　　　　　　　　第7页　共9页

序号	项目编码	项目名称	项目特征描述	计量单位	工程量	金额/元		
						综合单价	综合合价	其中 暂估价
38	011001001001	保温隔热屋面	1.保温隔热材料品种、规格、厚度:M5.0水泥沙灰砂浆铺300×300×65膨胀珍珠岩隔热砖,1:2水泥砂浆填缝 2.基层防护材料品种、厚度:土工布单层干铺在防水卷材上	m^2	167	72.95	12182.65	
39	010902008001	屋面变形缝	1.嵌缝材料种类:石油沥青嵌缝 2.防护材料种类:1:2水泥砂浆	m	63.4	8.37	530.66	
40	010515001001	现浇构件钢筋	钢筋种类、规格:D4圆钢	t	0.224	6806.96	1524.76	
		措施项目					169602	
41	粤011701008001	综合钢脚手架	1.钢筋混凝土框架结构 2.檐口高度:12.15 m	m^2	776.45	31.76	24660.05	
42	粤011701009001	单排钢脚手架	1.搭设高度:4.45 m 2.脚手架材质:钢管	m^2	85.27	9.56	815.18	
43	粤011701010001	满堂脚手架	1.搭设高度:4.8 m 2.脚手架材质:钢管	m^2	163.79	13.76	2253.75	
44	粤011701011001	里脚手架	1.搭设高度:4.8 m 2.脚手架材质:钢管	m^2	89.7	22.82	2046.95	
45	粤011701011002	里脚手架	1.搭设高度:3.6 m 2.脚手架材质:钢管	m^2	398.7	17.07	6805.81	
46	011702001001	基础	基础类型:基础垫层模板	m^2	24.65	31.18	768.59	
47	011702001002	基础	基础类型:基础承台模板	m^2	66.35	52.32	3471.43	
本页小计							55059.83	

注:为计取规费等的使用,可在表中增设其中:"定额人工费"。

分部分项工程和单价措施项目清单与计价表

工程名称：广州市某办公楼　　　　标段：　　　　第 8 页　共 9 页

序号	项目编码	项目名称	项目特征描述	计量单位	工程量	金额/元		
						综合单价	综合合价	其中 暂估价
48	011702002001	矩形柱	1. 截面周长：1.8 m 内 2. 支模高度：5.3 m	m^2	120.56	69.95	8433.17	
49	011702002002	矩形柱	1. 截面周长：1.8 m 内 2. 支模高度：5.3 m	m^2	164.48	60.42	9937.88	
50	011702003001	构造柱	1. 截面周长：1.2 m 内 2. 支撑高度：4.8 m 内	m^2	1.87	84.55	158.11	
51	011702005001	基础梁	梁截面形状：矩形	m^2	105.35	61.53	6482.19	
52	011702006001	矩形梁	1. 截面宽度：25 cm 内 2. 支模高度：5.3 m	m^2	129.91	90.05	11698.4	
53	011702006002	矩形梁	1. 截面宽度：25 cm 内 2. 支模高度：3.6 m	m^2	267.63	72.23	19330.91	
54	011702014001	有梁板	支撑高度：5.3 m	m^2	147.94	86.85	12848.59	
55	011702014002	有梁板	支撑高度：3.6 m	m^2	316.17	67.38	21303.53	
56	011702023001	雨篷、悬挑板、阳台板	1. 支撑高度：5.3 m 2. 构件类型：阳台板 3. 板厚度：100 mm	m^2	7.18	79.7	572.25	
57	011702023002	雨篷、悬挑板、阳台板	1. 支撑高度：3.6 m 2. 构件类型：阳台板 3. 板厚度：100 mm	m^2	7.18	79.7	572.25	
58	011702024001	楼梯	类型：直行楼梯	m^2	31.16	187.47	5841.57	
59	011702025001	其他现浇构件	构件类型：过梁	m^2	40.87	87.72	3585.12	
60	011702025002	其他现浇构件	构件类型：混凝土压顶	m^2	24.57	119.04	2924.81	
61	011702029001	散水	构件类型：混凝土散水	m^2	3.18	87.72	278.95	
本页小计							103967.7	

注：为计取规费等的使用，可在表中增设其中：“定额人工费”。

分部分项工程和单价措施项目清单与计价表

工程名称:广州市某办公楼　　　　　　标段:　　　　　　　　　　　　　　第 9 页　共 9 页

序号	项目编码	项目名称	项目特征描述	计量单位	工程量	金额/元		
						综合单价	综合合价	其中 暂估价
62	011703001001	垂直运输	1.建筑物建筑类型及结构形式:现浇框架结构 2.建筑物檐口高度、层数:12.15 m,3 层	m^2	578.38	42.9	24812.5	
本页小计							24812.5	
合计							734564.1	

注:为计取规费等的使用,可在表中增设其中:"定额人工费"。

综合单价分析表(略)

工程名称:广州市某办公楼　　　　标段:　　　　第　页　共　页

<table>
<tr><td colspan="2">项目编码</td><td colspan="2"></td><td>项目名称</td><td colspan="3"></td><td>计量单位</td><td></td><td>工程量</td><td></td></tr>
<tr><td colspan="12">清单综合单价组成明细</td></tr>
<tr><td rowspan="2">定额编号</td><td rowspan="2">定额项目名称</td><td rowspan="2">定额单位</td><td rowspan="2">数量</td><td colspan="4">单价</td><td colspan="4">合价</td></tr>
<tr><td>人工费</td><td>材料费</td><td>机具费</td><td>管理费和利润</td><td>人工费</td><td>材料费</td><td>机具费</td><td>管理费和利润</td></tr>
<tr><td></td><td></td><td></td><td></td><td></td><td></td><td></td><td></td><td></td><td></td><td></td><td></td></tr>
<tr><td></td><td></td><td></td><td></td><td></td><td></td><td></td><td></td><td></td><td></td><td></td><td></td></tr>
<tr><td colspan="2">人工调整系数</td><td colspan="6">小计</td><td></td><td></td><td></td><td></td></tr>
<tr><td colspan="2"></td><td colspan="6">未计价材料费</td><td colspan="4"></td></tr>
<tr><td colspan="8">清单项目综合单价</td><td colspan="4"></td></tr>
<tr><td>材料费明细</td><td colspan="5">主要材料名称、规格、型号</td><td>单位</td><td>数量</td><td>单价/元</td><td>合价/元</td><td>暂估单价/元</td><td>暂估合价/元</td></tr>
<tr><td></td><td colspan="5"></td><td></td><td></td><td></td><td></td><td></td><td></td></tr>
<tr><td></td><td colspan="5"></td><td></td><td></td><td></td><td></td><td></td><td></td></tr>
<tr><td></td><td colspan="5"></td><td></td><td></td><td></td><td></td><td></td><td></td></tr>
<tr><td></td><td colspan="5"></td><td></td><td></td><td></td><td></td><td></td><td></td></tr>
<tr><td></td><td colspan="5"></td><td></td><td></td><td></td><td></td><td></td><td></td></tr>
<tr><td></td><td colspan="5"></td><td></td><td></td><td></td><td></td><td></td><td></td></tr>
<tr><td></td><td colspan="5"></td><td></td><td></td><td></td><td></td><td></td><td></td></tr>
</table>

注:1. 如不使用省级或行业建设主管部门发布的计价依据,可不填定额编码、名称等;
2. 招标文件提供了暂估单价的材料,按暂估的单价填入表内“暂估单价”栏及“暂估合价”栏。

总价措施项目清单与计价表

工程名称:广州市某办公楼　　　　标段:　　　　第 1 页　共 1 页

序号	项目编码	项目名称	计算基础	费率/(%)	金额/元	调整费率/(%)	调整后金额/元	备注
1	LSSGCSF00001	绿色施工安全防护措施费	分部分项人工费＋分部分项机具费	19	20449.36			以分部分项的人工费与施工机具费之和为计算基础,费率19%
2	WMGDZJF00001	文明工地增加费	分部分项人工费＋分部分项机具费	0				以分部分项的人工费与施工机具费之和为计算基础,市级文明工地为1.20%;省级文明工地为2.10%
3	011707002001	夜间施工增加费		0				以夜间施工项目人工费的20%计算
4	GGCSF0000001	赶工措施费	分部分项人工费＋分部分项机具费	0				赶工措施费＝(1－δ)×分部分项的(人工费＋施工机具费)×0.3 (0.8≤δ<1 式中:δ＝合同工期/定额工期)
5	QTFY00000001	其他费用						按经批准的专项施工组织方案计算
合计					20449.36			

编制人(造价人员):　　　　复核人(造价工程师):

其他项目清单与计价汇总表

工程名称：广州市某办公楼　　　　标段：　　　　第 1 页　共 1 页

序号	项目名称	金额/元	结算金额/元	备注
1	暂列金额	8788.39		明细详见表-12-1
2	暂估价			
2.1	材料暂估价	—		明细详见表-12-2
2.2	专业工程暂估价			明细详见表-12-3
3	计日工			明细详见表-12-4
4	总承包服务费			明细详见表-12-5
5	预算包干费	7533.97		
6	工程优质费			
7	概算幅度差			
8	现场签证费用			
9	索赔费用			
10	其他费用			
	合计	16322.36		—

注：材料(工程设备)暂估单价进入清单项目综合单价，此处不汇总。

暂列金额明细表

工程名称:广州市某办公楼　　　　　　标段:　　　　　　　　　　第 1 页　共 1 页

序号	名称	计量单位	暂定金额/元	备注
1	暂列金额	元	8788.39	
合计			8788.39	—

注:此表由招标人填写,如不能详列,也可只列暂列金额总额,投标人应将上述暂列金额计入投标总价中。

材料(工程设备)暂估单价及调整表

工程名称:广州市某办公楼　　　　　　　　标段:　　　　　　　　　　　第 1 页　共 1 页

序号	材料(工程设备)名称、规格、型号	计量单位	数量		暂估/元		确认/元		差额/元		备注
			暂估	确认	单价	合价	单价	合价	单价	合价	
合计											

注:1. 此表由招标人填写“暂估单价”,并在备注栏说明暂估价的材料、工程设备拟用在那些清单项目上,投标人应将上述材料、工程设备暂估单价计入工程量清单综合单价报价中

专业工程暂估价及结算价表

工程名称:广州市某办公楼　　　　标段:　　　　第 1 页　共 1 页

序号	工程名称	工程内容	暂估金额/元	结算金额/元	差额/元	备注
合计						

注:此表"暂估金额"由招标人填写,投标人应将"暂估金额"计入投标总价中。结算时按合同约定结算金额填写。

计日工表

工程名称：广州市某办公楼　　　　　　　　　　标段：　　　　　　　　　　　第 1 页　共 1 页

编号	项目名称	单位	暂定数量	实际数量	综合单价/元	合价/元	
						暂定	实际
1	人工						
1.1							
人工小计							
2	材料						
2.1							
材料小计							
3	施工机具						
3.1							
施工机具小计							
4.企业管理费和利润							
总计							

注：此表项目名称、暂定数量由招标人填写，编制招标控制价时，单价由招标人按有关计价规定确定；投标时，单价由投标人自主报价，按暂定数量计算合价计入投标总价中。结算时，按发承包双方确认的实际数量计算合价。

总承包服务费计价表

工程名称:广州市某办公楼　　　　标段:　　　　第 1 页　共 1 页

序号	项目名称	项目价值/元	服务内容	计算基础	费率/(%)	金额
合计						

注:此表项目名称、服务内容由招标人填写,编制招标控制价时,费率及金额由招标人按有关计价规定确定;投标时,费率及金额由投标人自主报价,计入投标总价中。

规费、税金项目清单与计价表

工程名称：广州市某办公楼　　　　　　　　　标段：　　　　　　　　　　　　第 1 页　共 1 页

序号	项目名称	计算基础	计算基数	计算费率/(%)	金额/元
1	增值税销项税额	分部分项合计＋措施合计＋其他项目	771335.79	9	69420.22
合计					69420.22

编制人(造价人员)：　复核人(造价工程师)：

附录 3
广州市某办公楼设计图

工程设计图纸目录

序号	图号	图名	图幅	附注	更新
01		目录	A3		2022.06
02	建施-01	建筑设计说明	A3		2022.06
03	建施-02	首层、二层平面图	A3		2022.06
04	建施-03	三层、天面平面图	A3		2022.06
05	建施-04	立面图、剖面图	A3		2022.06
06	建施-05	楼梯平面详图	A3		2022.06
07	建施-06	大样详图	A3		2022.06
08	结施-01	结构设计说明	A3		2022.06
09	结施-02	桩基础结构平面图、桩基础配筋详图	A3		2022.06
10	结施-03	基础-3层结构柱轴线定位图、基础梁钢筋图	A3		2022.06
11	结施-04	2~3层梁钢筋图、2~3层板钢筋图	A3		2022.06
12	结施-05	天面梁钢筋图、天面板钢筋图	A3		2022.06
13	结施-06	楼梯结构详图	A3		2022.06

				建设单位			
				工程名称	办公楼	设计号	
主 任		项目负责人		图 纸		日 期	

建筑设计说明

一、工程概况。

1. 该工程位于广州地区，本建筑用于工程造价人员学习之用，并非实际工程，勿照图施工；
2. 本工程为框架结构，地上3层，无地下室；
3. 室内外高差为0.15 m，檐高为12.15 m；
4. 总建筑面积约578.38 m²。

二、本工程中砼除图中注明外，其余均采用C25商品砼；楼板厚度图中未注明的一律采用100 mm厚。

三、本工程墙体。

外墙和梯间墙为3/4砖厚混水砖墙，内墙为1/2砖厚混水砖墙，采用MU10标准砖，M5水泥石灰砂浆砌筑。

四、室内装修设计。

层号	房间名称	地面(楼面)	踢脚(高100 mm)	墙裙(高1500 mm)	内墙面	天棚吊顶(首层高度4.0 m，2~3层高度3 m)
一层	大堂	地面1	踢脚2		内墙面1	吊顶1
	办公室	地面2	踢脚1		内墙面3	吊顶1
	值班室	地面2	踢脚1		内墙面3	吊顶1
	卫生间	地面3			内墙面2	吊顶2
	走道	地面1	踢脚2		内墙面3	吊顶2
	楼梯间	地面1	踢脚2	墙裙1	内墙面3	顶棚1
二、三层	大办公室	楼面1	踢脚1		内墙面3	吊顶1
	小办公室	楼面2	踢脚3		内墙面3	吊顶1
	卫生间、阳台	楼面3			内墙面2	顶棚1
	走道	楼面4	踢脚2		内墙面3	吊顶2
	会客室	楼面2	踢脚3		内墙面1	顶棚1
	楼梯间	楼梯面层	楼梯梯脚		内墙面3	顶棚1

地面1：
1. 铺20厚大理石板(大理石尺寸600 mm×600 mm)，稀水泥擦缝
2. 20厚1：2.5水泥砂浆找平层
3. 垫层：90厚C20素混凝土(混凝土种类：现场搅拌机搅拌碎石粒径20)
4. 3：7灰土夯实

地面2：
1. 10厚抛光地砖(地砖尺寸400 mm×400 mm)，白水泥浆擦缝
2. 20厚1：3水泥砂浆找平层
3. 垫层：110厚C20素混凝土(混凝土种类：现场搅拌机搅拌碎石粒径20)
4. 3：7灰土夯实

地面3：
1. 10厚防滑地砖300 mm×300 mm，稀水泥浆擦缝
2. 20厚1：3水泥砂浆找平层
3. 1.5厚聚氨酯涂膜防水层
4. 最薄处110厚C15细石混凝土从门口向地漏找1%坡
5. 3：7灰土夯实

楼面1：
1. 10厚抛光地砖400 mm×400 mm，白水泥浆擦缝
2. 20厚1：3水泥砂浆找平层
3. 钢筋混凝土楼板

楼面2：
1. 悬浮法安装复合木地板
2. 铺木地板专用防潮纸一层
3. 20厚1：3水泥砂浆找平层
4. 现浇混凝土楼板

楼面3：
1. 10厚防滑地砖300 mm×300 mm，稀水泥浆擦缝
2. 20厚1：3水泥砂浆找平层
3. 1.5厚聚氨酯涂膜防水层
4. 20厚1：3水泥砂浆找平层，从门口向地漏找1%坡
5. 现浇混凝土楼板

楼面4：
1. 铺20厚大理石板600 mm×600 mm，稀水泥浆擦缝
2. 20厚1：3水泥砂浆找平层
3. 钢筋混凝土楼板

楼梯面层：
1. 铺20厚大理石板，稀水泥擦缝
2. 20厚1：2.5水泥砂浆找平层
3. 防滑铜条：每踏步设置2条
4. 钢筋混凝土楼梯

楼梯踢脚：
1. 大理石踢脚板高100 mm，稀水泥浆擦缝
2. 1：2水泥砂浆(内掺建筑胶)结合层

踢脚1：
1. 釉面砖踢脚线高100 mm，稀水泥浆擦缝
2. 1：2水泥砂浆(内掺建筑胶)结合层

踢脚2：
1. 大理石踢脚板高100 mm，稀水泥浆擦缝
2. 1：2水泥砂浆(内掺建筑胶)结合层

踢脚3：
1. 木踢脚板高100 mm
2. 木地板专用胶粘剂结合层

内墙面1：
1. 大堂墙面贴对花墙纸，客厅墙面做织锦缎贴面
2. 刮腻子膏扫平压光
3. 5厚1：2．5水泥砂浆面
4. 15厚1：3水泥砂浆底
5. 素水泥浆一道甩毛(内掺建筑胶)

内墙面2：
1. 釉面砖面层200 mm×300 mm，白水泥擦缝
2. 5厚水泥膏结合层
3. 素水泥浆一道
4. 2厚聚氨酯涂膜防水层
5. 15厚1：2.5水泥砂浆打底压实抹平

内墙面3：
1. 刷乳白色涂料
2. 5厚1：2．5水泥砂浆面
3. 15厚1：3水泥砂浆底
4. 素水泥浆一道甩毛(内掺建筑胶)

墙裙1：
1. 200×300西班牙米黄色墙面砖，白水泥擦缝
2. 素水泥浆一道
3. 15厚1：2.5水泥砂浆打底压实抹平

顶棚1：
1. 乳胶漆两遍
2. 满刮腻子一遍
3. 5厚1：2.5水泥砂浆面层
4. 10厚1：1：6水泥石灰砂浆打底扫毛
5. 素水泥浆一道甩毛(内掺建筑胶)

吊顶1：
1. 600 mm×600 mm×0.8铝板面层：燃烧等级A级
2. 装配式U型轻钢龙骨不上人型，面层规格600 mm×600 mm平面
3. 现浇钢筋混凝土楼板

吊顶2：
1. 埃特板面层
2. 装配式T型铝合金龙骨不上人型，面层规格300 mm×300 mm平面
3. 钢筋混凝土楼板

五、室外装修设计：

外墙：
1. 水泥膏镶贴浅黄色纸皮瓷砖，水泥砂浆擦缝
2. 15厚1：1：6水泥石灰砂浆打底扫毛或划出纹道

女儿墙、阳台栏板内侧：
1. 水泥膏镶贴浅黄色纸皮瓷砖，水泥砂浆擦缝
2. 15厚1：1：6水泥石灰砂浆做底层抹灰

女儿墙、阳台栏板压顶：
1. 水泥膏镶贴白色纸皮外墙砖，水泥砂浆擦缝
2. 15厚1：1：6水泥石灰砂浆打底

散水：
1. 50 mm厚C20细石混凝土面层，撒1：1水泥砂浆压实赶光
2. 150 mm厚3：7灰土垫层
3. 素土夯实，向外找坡4%

门窗表

门窗编号	洞口尺寸 宽×高	个数	门窗种类	备注
C1	1800×1800	7	90系列铝合金推拉窗	居中安装
C2	2400×1800	12	90系列铝合金推拉窗	居中安装
C3	900×1800	7	90系列铝合金推拉窗	居中安装
C4	900×800	2	90系列铝合金推拉窗	居中安装
M1	1500×2400	3	钢质防火门 双扇(甲级)	靠内侧安装
M2	900×2100	14	单扇夹板装饰门	靠内侧安装
M3	900×2100	5	46系列双扇铝合金平开门	靠内侧安装

除注明外，填充墙洞顶设现浇砼过梁，混凝土强度等级为C20。过梁尺寸如下：
1.当洞口净跨L_0≤1500时，过梁为墙厚×120，支座a=250 mm；
2.当1500<洞口净跨L_0≤2000时，过梁为墙厚×150，支座a=250 mm；
3.当2000<洞口净跨L_0≤2500时，过梁为墙厚×180，支座a=370 mm；
4.女儿墙、阳台栏板厚120mm，采用MU10标准砖，M5水泥石灰砂浆砌筑。

			建设单位			
			工程名称	办公楼	设计号	
主任	项目负责人		图纸内容	建筑设计说明	日期	2022.06
审核	设计				图别	建施
校对	制图				图号	01

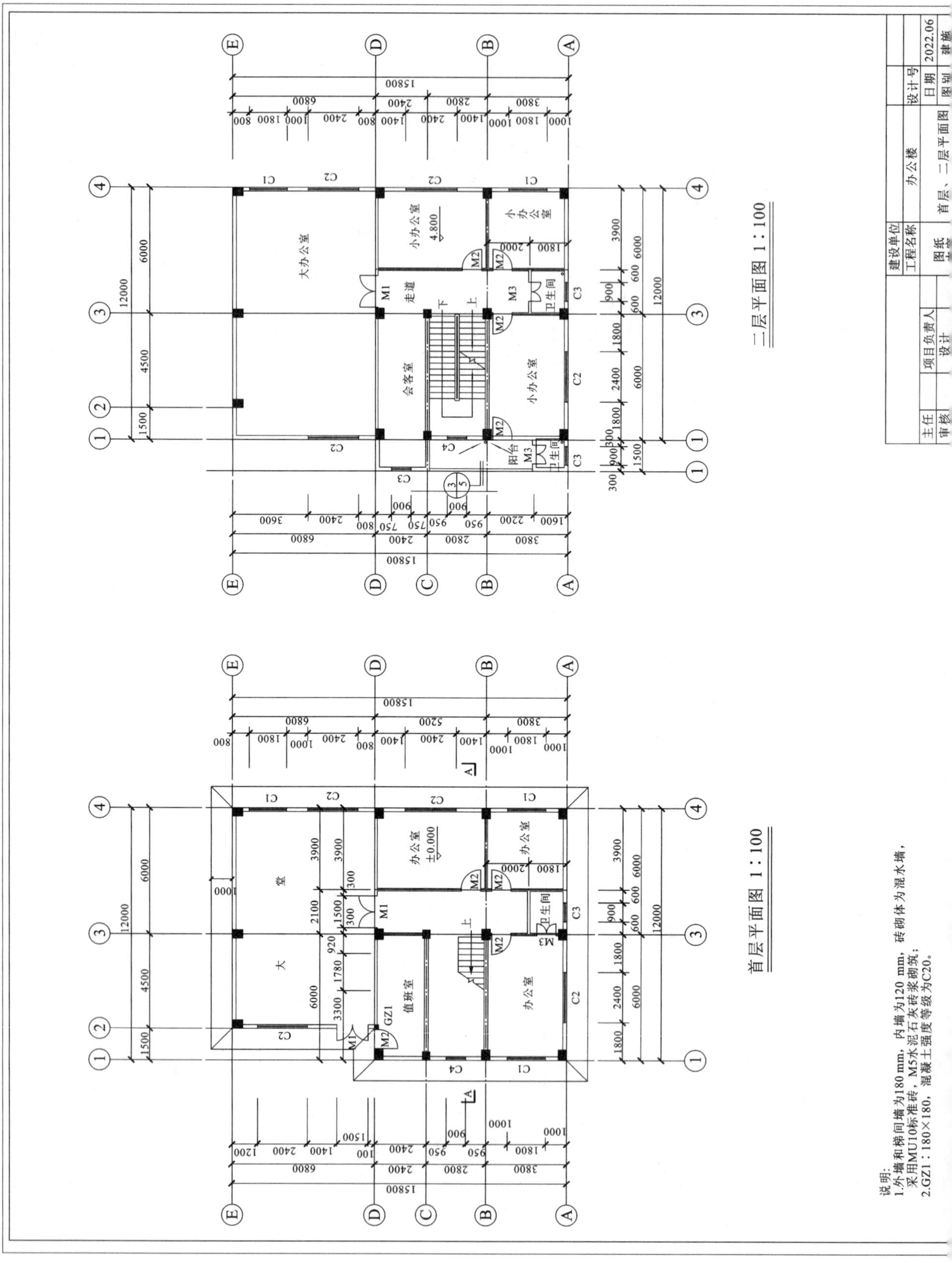
首层平面图 1:100
二层平面图 1:100
说明:
1.外墙和梯间墙为180 mm，内墙为120 mm，砖砌体为混水墙，采用MU10标准砖，M5水泥石灰砖浆砌筑;
2.GZ1:180×180，混凝土强度等级为C20。
建设单位
工程名称
办公楼
设计号
日期
2022.06
图别
建施
图纸
首层、二层平面图
主任
审核
项目负责人
设计

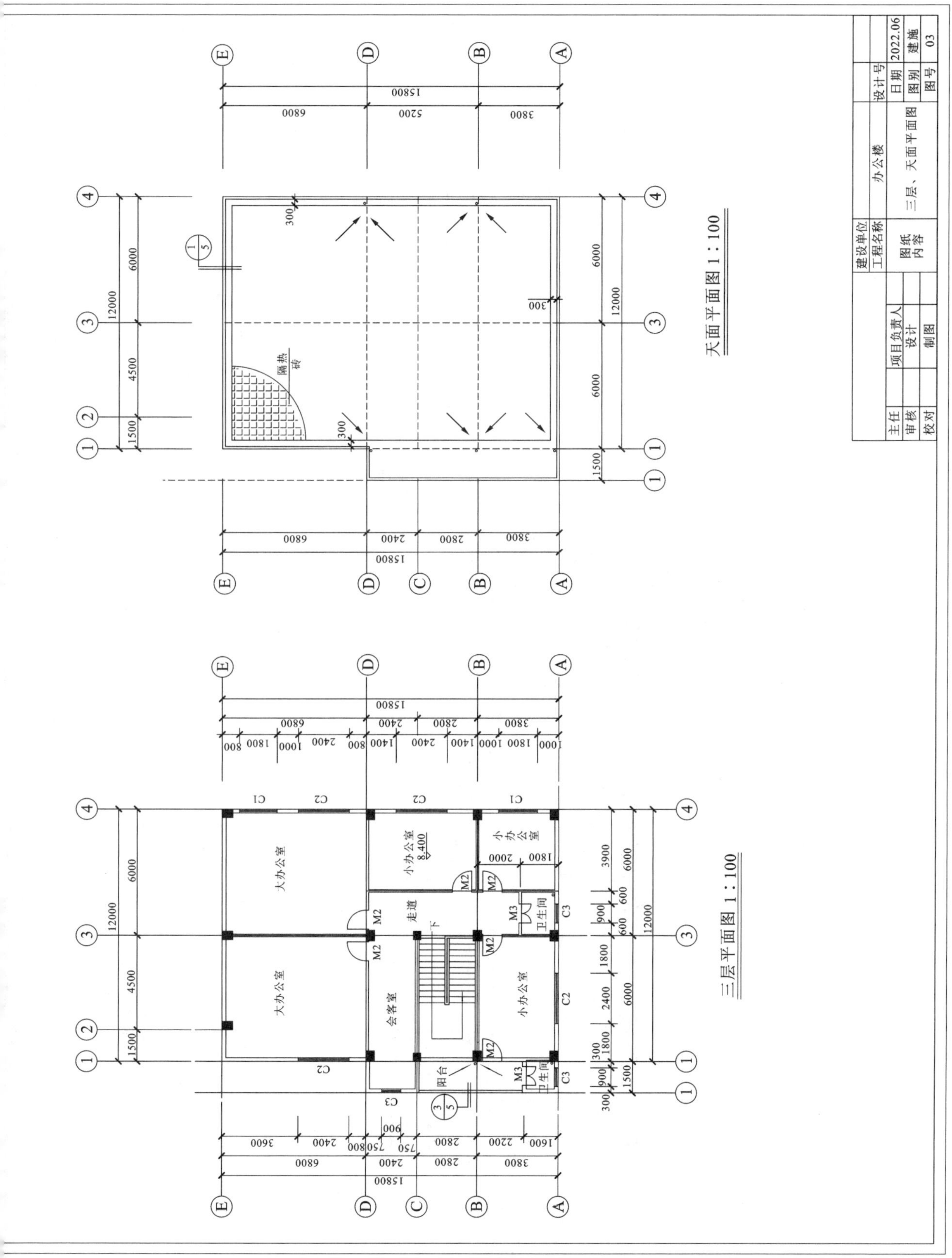
天面平面图 1:100
三层平面图 1:100
大办公室
小办公室
8.400
会客室
走道
卫生间
阳台
隔热砖
15800
6800
5200
3800
2400
2800
12000
6000
4500
1500
建设单位
工程名称
办公楼
设计号
日期
2022.06
图别
建施
图号
03
图纸内容
三层、天面平面图
主任
审核
校对
项目负责人
设计
制图

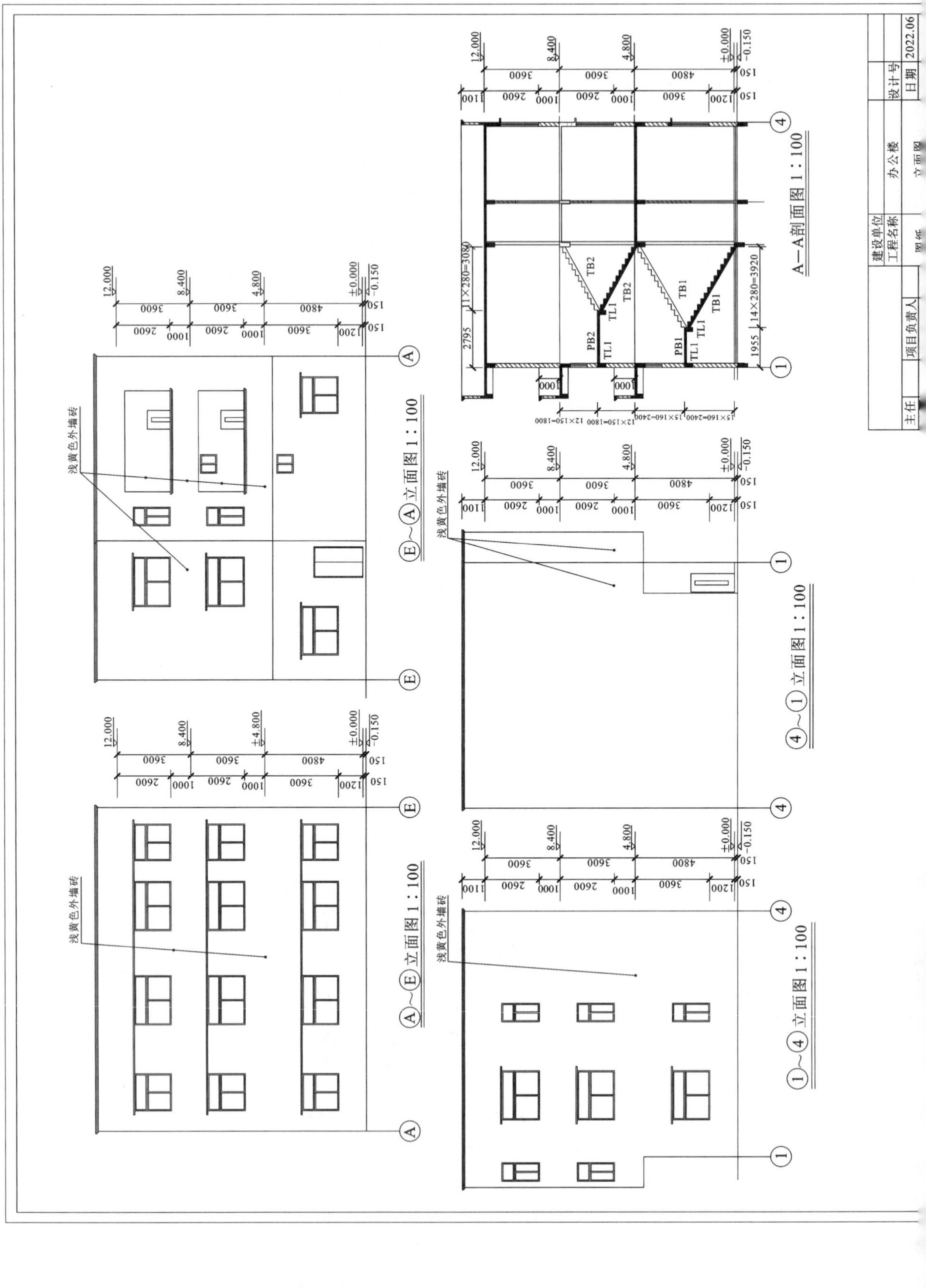
A—A剖面图 1:100
Ⓔ~Ⓐ立面图 1:100
Ⓐ~Ⓔ立面图 1:100
④~①立面图 1:100
①~④立面图 1:100
浅黄色外墙砖
12.000
8.400
4.800
±0.000
-0.150
TB1
TB2
TL1
PB1
PB2
11×280=3080
14×280=3920
15×160=2400
12×150=1800
建设单位
工程名称
办公楼
设计号
日期
2022.06
主任
项目负责人

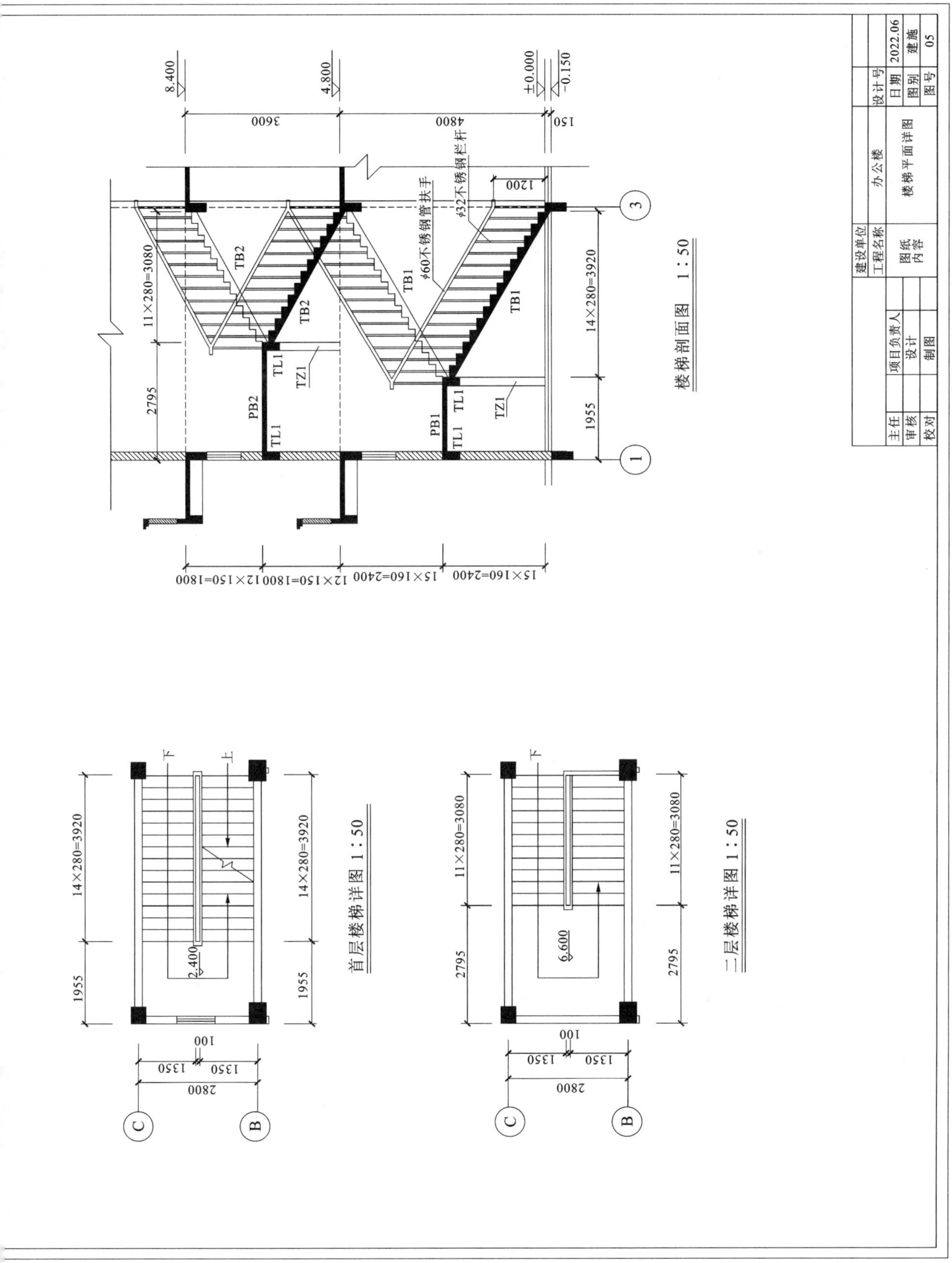
8.400
4.800
±0.000
-0.150
3600
4800
150
1200
ϕ60不锈钢管扶手
ϕ32不锈钢栏杆
11×280=3080
14×280=3920
2795
1955
TB1
TB2
TL1
TZ1
PB1
PB2
15×160=2400
12×150=1800
楼梯剖面图 1：50
14×280=3920
1955
2.400
上
下
1350
100
2800
首层楼梯详图 1：50
11×280=3080
2795
6.600
二层楼梯详图 1：50
建设单位
工程名称
办公楼
图纸内容
楼梯平面详图
设计号
日期
2022.06
图别
建施
图号
05
主任
审核
校对
项目负责人
设计
制图

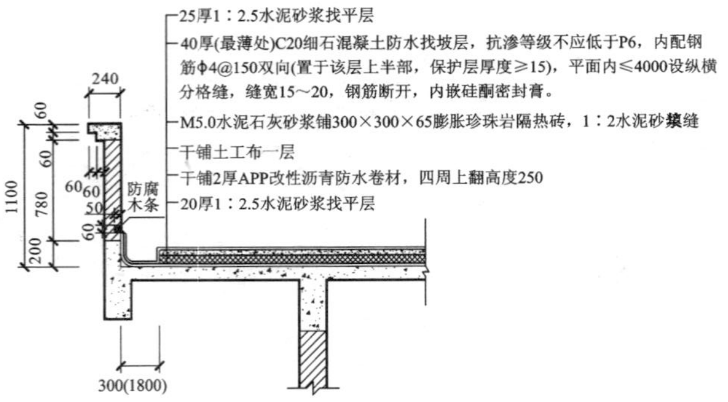

① 女儿墙及层面保温防水详图

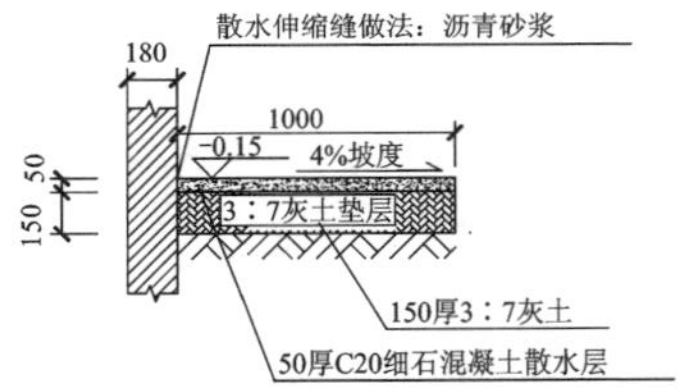

② 散水做法详图

说明：

1.50厚C20细石混凝土面层，撒1：1水泥浆压实赶光；
2.150厚3：7灰土宽出面层100；
3.素土夯实，向外找坡4%。

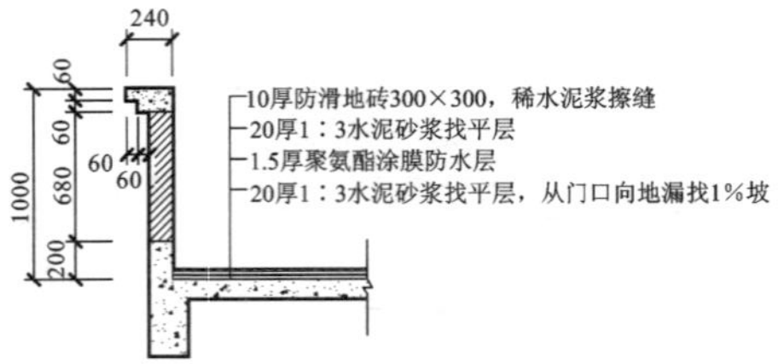

③ 阳台栏板详图

		建设单位			
		工程名称	办公楼	设计号	
主任	项目负责人			日期	2022.06

一、总则

1.本工程(项目)结构类型为框架结构。建筑结构安全等级为二级，工程设计使用年限为50年。
2.本工程结构，地上3层、地下1层，室内外高差150 mm，建筑物高度(室外地面至主要屋面)：12.15 m。
3.计量单位除注明外，长度为毫米(mm)：标高为米(m)：角度为度(°)：强度为N/mm^2。
4.本工程±0.000为室内地面标高，相当于测量图绝对标高。
5.本工程施工除应遵守本说明及具体图纸说明外，尚应严格执行国家现行各有关施工及验收规范、规程。
6.未经技术鉴定或许可，不得改变结构的用途及使用环境。
7.本工程所用混凝土均应为商品混凝土，砂浆均应使用预拌砂浆。
8.本项目设计指标达到国标一星级绿色建筑设计标识，详见绿色建筑设计说明专篇。
9.在本说明中，凡选择框□中画“√”的条款或选项为本工程所用。

二、设计依据

1.工程建设标准强制性条文(房屋建筑部分)。
2.国家现行有关设计规范、规程、统一标准及相关法规。
3.考虑当地实际情况采用部分地方规范、规程、统一标准。
4.本工程的结构分析采用的软件名称：多层及高层建筑结构空间有限元分析与设计软件，代号SATWE。
程序编制单位：中国建筑科学研究院高层PKPMCAD工程部。软件授权号：10718P00166。

三、抗震设计、防火要求及正常使用活荷载

1.本工程建筑抗震设防分类为丙类。抗震设防烈度为6度。设计基本地震加速度值为0.05 g。设计地震分组为第1组，建筑场地类别为Ⅱ类：地基液化等级为轻微液化：按建筑类别及场地类别调整后的地震作用采用的抗震设防烈度为6度;抗震构造措施采用的抗震设防烈度为6度。
2.抗震等级：□ 框架四级；□ 剪力墙三级；□ 短肢剪力墙四级；□ 无上部结构的地下室三级；
□ 框支层框架三级；□ 底部加强层一般剪力墙四级；□ 非底部加强层一般剪力墙三级。
3.本建筑物耐火等级为二级。
4.混凝土保护层参照22G101—1图集相关规定。

混凝土结构的环境类别

环境类别	条件
一	室内干燥环境； 无侵蚀性静水浸没环境
二a	室内潮湿环境； 非严寒和非寒冷地区的露天环境； 非严寒和非寒冷地区与无侵蚀性的水或土壤直接接触的环境； 严寒和寒冷地区的冰冻线以下与无侵蚀性的水或土壤直接接触的环境
二b	干湿交替环境； 水位频繁变动环境； 严寒和寒冷地区的露天环境； 严寒和寒冷地区冰冻线以上与无侵蚀性的水或土壤直接接触的环境
三a	严寒和寒冷地区冬季水位变动区环境； 受除冰盐影响环境； 海风环境
三b	盐渍土环境； 受除冰盐作用环境； 海岸环境
四	海水环境
五	受人为或自然的侵蚀性物质影响的环境

注：1. 室内潮湿环境，是指构件表面经常处于结露或湿润状态的环境。
2. 严寒和寒冷地区的划分应符合《民用建筑热工设计规范》(GB 50176—2016)的有关规定。
3. 海岸环境和海风环境宜根据当地情况，考虑主导风向及结构所处迎风、背风部位等因素的影响，由调查研究和工程经验确定。
4. 受除冰盐影响环境是指受到除冰盐盐雾影响的环境，受除冰盐作用环境是指被除冰盐溶液溅射的环境以及使用除冰盐地区的洗车房、停车楼等建筑。
5. 暴露的环境是指混凝土结构表面所处的环境。

混凝土保护层的最小厚度　单位：mm

环境保护	板、墙	梁、柱
一	15	20
二a	20	25
二b	25	35
三a	30	40
三b	40	50

注：1. 表中混凝土保护层厚度指最外层钢筋外边缘至混凝土表面的距离，适用于设计使用年限为50年的混凝土结构。
2. 构件中受力钢筋的保护层厚度不应小于钢筋的公称直径。
3. 设计工作年限为100年的混凝土结构，一类环境中，最外层钢筋的保护层厚度不应小于表中数值的1.4倍；二、三类环境中，应采取专门的有效措施。
4. 混凝土强度等级不大于C25时，表中保护层厚度数值应增加5 mm。
5. 基础底面钢筋的保护层厚度，有混凝土垫层时应从垫层顶面算起，且不应小于40 mm。

四、地基基础部分

1.本工程基础设计等级为丙级。
2.本工程采用高强预应力管桩，桩基要求扩底直径不小于自身直径的三倍。建筑桩基安全等级为二级。
3.本工程地下水对混凝土有微腐蚀性．对埋在地下的混凝土构件处理如下：
(1)混凝土采用普通硅酸盐水泥，水灰比为0.55，最少水泥用量330 kg/m^3，要求铝酸三钙含量少于8%；
(2)埋入地下直接与土接触的柱、混凝土墙、基础梁及基础(承台)表面无外防水部位涂冷底子油两遍和沥青胶泥两遍。
4.基础施工时若发现地质实际情况与设计要求不符，须通知地质勘察工程师及设计人员共同研究处理。
5.基础与桩的检测应按照《建筑地基基础设计规范》(GB50007—2011)及地区主管部门的规定执行。

五、钢筋混凝土结构部分

1.钢筋强度设计值(N/mm^2)：
HPB300f_y=f_y' =270(梁、柱箍筋)；HRB400及RRB400f_y=f_y' 360(构件受钢筋)；
抗震等级为一、二、三级的框架结构(含斜撑构件和梯段)，其纵向受力钢筋抗拉强度实测值与屈服强度实测值的比值不应小于1.25；且钢筋的屈服强度实测值与强度标准值的比值不应大于1.3。
且钢筋在最大拉力下的总伸长率实测值不应小于9%。
钢筋的强度标准值应具有不小于95%的保证率。
在施工中，当需要以强度等级较高的钢筋替代原设计中的纵向受力钢筋时，应按照钢筋受拉承载力设计值相等的原则 换算，并应满足最小配筋率要求。

2．现浇结构各构件设计用料除结构平面图中注明外均见下表：

结构部位		砼强度等级	砼抗渗等级	钢筋级别	主筋搭接类型	备注
承台(基础)				HPB300、HRB400	□ 绑扎□ 焊接□ 机械连接	
基础梁				HPB300、HRB400	□ 绑扎□ 焊接□ 机械连接	
地下室底板及壁板				HPB300、HRB400	□ 绑扎□ 焊接□ 机械连接	
地下水池				HPB300、HRB400	□ 绑扎□ 焊接□ 机械连接	
楼梯及其支柱				HPB300、HRB400	□ 绑扎□ 焊接□ 机械连接	
骨架墙柱	基础面~地梁面			HPB300、HRB400	□ 绑扎□ 焊接□ 机械连接	
	地梁面~二层楼面			HPB300、HRB400	□ 绑扎□ 焊接□ 机械连接	
	二层楼面及以上			HPB300、HRB400	□ 绑扎□ 焊接□ 机械连接	
				HPB300、HRB400	□ 绑扎□ 焊接□ 机械连接	
				HPB300、HRB400	□ 绑扎□ 焊接□ 机械连接	
楼层梁板	~层			HPB300、HRB400	□ 绑扎□ 焊接□ 机械连接	
	~层			HPB300、HRB400	□ 绑扎□ 焊接□ 机械连接	
	~层			HPB300、HRB400	□ 绑扎□ 焊接□ 机械连接	
	~层			HPB300、HRB400	□ 绑扎□ 焊接□ 机械连接	
	~层			HPB300、HRB400	□ 绑扎□ 焊接□ 机械连接	
屋面梁板				HPB300、HRB400	□ 绑扎□ 焊接□ 机械连接	
屋面附属建筑梁板柱				HPB300、HRB400	□ 绑扎□ 焊接□ 机械连接	
屋面水池				HPB300(?)、HRB400(?)	□ 绑扎□ 焊接□ 机械连接	

注：a.同一结构层应采用同一厂家，同一品牌的水泥，不得混用；
b.所有混凝土的外加剂等要求在施工前作相容性试验，符合设计要求方可采用；

3.受拉钢筋锚固长度L_a及抗震锚固长度L_{ae}根据22G101—1图集相关规定确定。

受拉钢筋锚固长度l_a

钢筋种类	混凝土强度等级															
	C25		C30		C35		C40		C45		C50		C55		C60	
	$d≤25$	$d>25$	$d≤25$	$d>25$	$d≤25$	$d>25$	$d≤25$	$d>25$	$d≤25$	$d>25$	$d≤25$	$d>25$	$d≤25$	$d>25$	$d≤25$	$d>25$
HPB300	34d	—	30d	—	28d	—	25d	—	24d	—	23d	—	22d	—	21d	—
HRR400、HRBF400、RRB400	40d	44d	35d	39d	32d	35d	29d	32d	28d	31d	27d	30d	26d	29d	25d	28d
HRB500、HRBF500	48d	53d	43d	47d	39d	43d	36d	40d	34d	37d	32d	35d	31d	34d	30d	33d

受拉钢筋抗震锚固长度l_{aE}

钢筋种类	抗震等级	混凝土强度等级															
		C25		C30		C35		C40		C45		C50		C55		C60	
		$d≤25$	$d>25$	$d≤25$	$d>25$	$d≤25$	$d>25$	$d≤25$	$d>25$	$d≤25$	$d>25$	$d≤25$	$d>25$	$d≤25$	$d>25$	$d≤25$	$d>25$
HPB300	一、二级	39d	—	30d	—	28d	—	25d	—	24d	—	23d	—	22d	—	21d	—
	三级	36d	—	30d	—	28d	—	25d	—	24d	—	23d	—	22d	—	21d	—
HRR400 HRBF400	一、二级	46d	51d	40d	45d	37d	40d	33d	37d	32d	36d	31d	35d	30d	33d	29d	32d
	三级	42d	46d	37d	41d	34d	37d	30d	34d	29d	33d	28d	32d	27d	30d	26d	29d
HRB500 HRBF500	一、二级	55d	61d	49d	54d	45d	49d	41d	46d	39d	43d	37d	40d	36d	39d	35d	38d
	三级	50d	56d	45d	49d	41d	45d	38d	42d	36d	39d	34d	37d	33d	36d	32d	35d

注：1. 当为环氧树脂涂层带肋钢筋时，表中数据尚应乘以1.25。
2. 当纵向受拉钢筋在施工过程中易受扰动时，表中数据尚应乘以1.1。
3. 当锚固长度范围内纵向受力钢筋周边保护层厚度为3d、5d(d为锚固钢筋的直径，单位mm)时，表中数据可分别乘以0.8、0.7，中间厚度时按内插值计算。
4. 当纵向受拉普通钢筋锚固长度修正系数(注1～注3)多于一项时，可连乘计算。
5. 受拉钢筋的锚固长度l_a、l_{aE}计算值不应小于200 mm。
6. 四级抗震等级时，l_{aE}=l_a。
7. 当锚固钢筋的保护层厚度不大于5d时，锚固钢筋长度范围内应设置横向构造钢筋，其直径不应小于d/4(d为锚固钢筋的最大直径)；对梁、柱等构件间距不应大于5d，对板、墙等构件间距不应大于10d，且均不应大于100 mm(d为锚固钢筋的最小直径)。

4．楼板

(1)单向板底筋的分布筋及单向板，双向板支座负筋的分布筋，除结构平面图中注明外均为Φ6@200，分布筋搭接长度300。
(2)所有露天板(如屋面、露台)上部无钢筋区域另配Φ8@200的抗温度钢筋网，与板负筋的搭接长度用300。
(3)双向板之底筋，其短向筋放在下层，长向筋放在短向筋之上。
(4)板配筋图中的钢筋规格代号如未特别注明，分别代表：K_d=Φ@200、M_d=Φd@180、C_d=Φd@150、N_d=Φd@100(d为钢筋直径)。
(5)结构平面图中，面筋下方的标注数值为面筋自梁(砼墙、柱)边起算的直段长度，如只在中间支座处有一个标注时则为钢筋水平全长且支座两边延伸长度相等。
(6)当相邻板面标高相差在30 mm以内时，板筋不必截断，可直接弯折伸入邻跨。

(7)凡端跨板的阳角处，柱墙阳角突出板内≥200及较短跨度≥4000的内跨板的板角处均需正交放置直径等于该板负筋直径@100的双向面筋，该钢筋伸入板中的长度为1/4短向板跨(结构平面图中标有“▲”符号之板角处)。

(8)板底筋锚入支座(梁或剪力墙)内5d且伸过支座中心线。当端跨板的端支座为柱，剪力墙时，该处之板面筋应锚入柱、墙内L_{aE}(抗震)L_a(非抗震)。

(9)所有板筋(受力或非受力筋)当用搭接接长时，其搭接长度：抗震结构用LIE，非抗震结构用LI，且不小于300。在同一断面的接头钢筋截面面积不得超过钢筋总截面面积的1/4。

(10)配有双层钢筋的一般楼板，均应加设支撑钢筋。支撑钢筋型式可用 60 40 40 用Φ8钢筋制成，宜每平方米设置一个。

(11)跨度大于4 m的板，要求板跨中起拱$L/400$。

(12)楼板开洞，当洞边未设梁或洞边筋时，处理如下：

a.当洞宽$b(d)<300$时，板筋绕过洞边，不需切断；

b.当洞宽$b(d)\geq300$且<1000时，洞边加筋如图三。

(13)悬臂板转角处配置附加加强钢筋如图四。

(14)上下水管道及设备孔洞均需按平面图或有关专业图纸所示位置及大小预留，不得后凿。

除风井和排烟井道外，其余设备管道井的封板均为二次浇筑板，施工时预留板筋，

安装管道时应尽量保留钢筋，管道安装完毕并补焊被切断的钢筋后。方可浇灌混凝土。

(15)现浇板内埋设设备管道时，应埋设在两层板筋之间。管外径不得大于板厚的1/3，管线交叉处应妥善处理，使管壁至板上下边缘净距均不小于25。

(16)凡建筑隔墙下未设结构梁时，除设计注明之外均在板底相应位置设置附加钢筋，当板跨≤1500时为2Φ14；当$1500<L<2500$时为2Φ18：当$L\geq2500$时为2Φ20，钢筋锚入梁中L_a。

5.梁

(1)梁的配筋及钢筋构造要求详国标22G101—1图集《混凝土结构施工图平面整体表示方法制图规则和构造详图》。

(2)梁腹高度≥450时，均需在梁两侧设置腰筋，除设计标注外，该腰筋采用2Φ12，每隔200设一排，拉筋直径≥20。

(3)跨度$L\geq4$ m的支承梁及$L\geq2$ m的悬臂梁，应起拱$L/400$。

(4)设备管线需要在梁侧开洞或埋设件时，应严格按有关专业设计图纸要求设置，在浇灌混凝土之前经检查符合设计要求后方可施工，孔洞不得后凿。当需要在梁上开洞时，均需加筋。加筋大样见《梁平法施工图说明》。

(5)反梁结构的屋面需按排水方向、有关图示位置及尺寸预留泄水孔，不得后凿。

(6)交叉梁的梁高相等时，跨度较长的梁钢筋置于跨度较短的梁钢筋之上。

(7)当悬挑梁的封边梁梁高大于悬挑梁的梁高的按图五做法处理。

(8)框架梁梁面直通钢筋应尽可能按最长下料，若需接长，驳接位置应在跨中1/3范围内，若采用搭接，搭接长度范围内的箍筋按加密区配。

6.柱

(1)柱的配筋及构造要求详见国标22G101—1图集《混凝土结构施工图平面整体表示方法制图规则和构造详图》。

(2)砌体结构及钢筋混凝土结构填充墙的钢筋混凝土构造柱GZ做法详砌体结构部分说明，构造柱需先砌墙后浇柱，砌墙时墙与构造柱连接处要砌成马牙槎(构造详图十)。沿墙高每隔500设2Φ8水平拉结筋，构造柱截面配筋见图十一。

7.楼梯

(1)现浇混凝土板式楼梯梯段及平台板配筋及构造要求详见国标22G101—2图集《混凝土结构施工图平面整体表示方法制图规则和构造详图》。

(2)其他类型楼梯见具体设计。

(3)楼梯扶手连接的预埋件的位置及做法详见建筑标准图。

(4)采用砖砌扶手的板式楼梯，扶手下部板底增设2Φ4@50纵向钢筋。

(5)楼梯平台梁支柱TZ位置详见结构平面图，其截面$b\times h$=墙厚×300，主筋4Φ14，箍筋Φ8@100，主筋锚入支承梁或基础内L_a。

(1)预埋件的锚固钢筋采用HPB300，HRB400，严禁采用冷加工钢筋。
(2)设备检修用的吊环采用HPB300钢筋，严禁采用冷加工钢筋。吊环埋入混凝土的深度不应小于30 d，并应焊接在钢筋骨架上。
(3)凡外露铁件在覆盖装修面层以前应去锈，去锈后刷红丹防锈油两度(去锈等级：St2级)。

9.找坡做法

屋面及露台找坡采用☑建筑找坡☐结构找坡，阳台、卫生间、厨房排水均采用建筑找坡；

六、砌体结构部分

1.本工程砌体结构施工质量控制等级取B级，采用水泥石灰混合砂浆。

2.骨架结构的填充墙及围护墙

(1)骨架结构中的墙砌体均不作承重用，砌体种类及材料强度等级详见建施。
(2)墙长大于5 m时，墙顶与梁应拉结；墙长超过8 m或层高两倍时，设置钢筋混凝土构造柱(图十一)；墙高超过4 m时，墙体半高设置与柱连接且沿墙全长贯通的钢筋混凝土水平连系梁，梁高180，宽度同墙厚，主筋4Φ10，箍筋Φ8@200。梁主筋需与柱、墙的预留拉筋相搭接或焊接。
(3)填充墙沿框架柱全高每隔500 mm设2Φ8拉筋，拉筋全长贯通。
(4)楼梯间和人流通道的填充墙，尚采用钢丝网砂浆面层加强。
(5)当高度小于4 m的底层内隔墙下无梁时，可直接砌筑在混凝土地面上，地骨做法见图十六。
(6)高度不超过1.5 m的砖砌阳台栏板和女儿墙在转角处及沿长度每隔3 m应设置构造柱，其断面及配筋与上述相同。女儿墙压顶梁梁高180，宽度同墙厚，主筋4Φ10，箍筋Φ8@200。梁主筋需与构造柱的预留拉筋相搭接或焊接。

3.砌体墙中的门窗洞及设备预留孔洞，其洞顶均需设过梁。过梁除图中另有注明外，统一按下述处理：
(1)当洞宽在1000以下时采用砖平拱，拱高240，用MU10砖，WM M10砂浆砌结；
(2)当洞宽为1000~1200时用钢筋砖过梁，梁高取洞宽的1/4，梁底放钢筋3Φ8，钢筋伸入支座370并弯直钩，用WP M15砂浆做20厚保护层，用WM M10砂浆砌结；
(3)当洞宽为1200~4000时用钢筋混凝土过梁，梁宽同墙厚，梁高取洞宽的1/10，底筋用2Φ14，架立筋2Φ12，箍筋Φ8@200，梁的支座长度≥250，混凝土强度等级C20；
(4)当洞宽为4000~6000时用钢筋混凝土过梁，梁宽同墙厚，梁高取洞宽的1/12，底筋用3Φ16，架立筋2Φ14，箍筋Φ8@150，梁的支座长度≥350，混凝土强度等级C20；
(5)当洞宽大于6000时用钢筋混凝土过梁，梁宽同墙厚，梁高取洞宽的1/8，底筋用3Φ20，架立筋2Φ16，箍筋Φ8@100，梁的支座长度≥500。或锚入框柱内，混凝土强度等级同该层楼板；
(6)当洞项与结构梁(板)底的距离小于上述各类过梁的高度时，过梁须与结构梁(板)浇成整体，如图十七。

4.砖砌电梯井构造柱和圈梁：电梯井四角应设置构造柱，其断面为墙厚×墙厚，纵筋4Φ14，箍筋Φ8@200；电梯圈梁断面为墙厚×300，配筋为4Φ12，Φ8@150，构造柱和圈梁的具体定位应按电梯厂家提供的土建资料。

七、其他

1.除通风管井及烟道外，其余水电管道竖井应在每隔2层在管道安装完毕后，于楼面标高处用混凝土板封死，其做法为：板厚100，板筋为双层双向Φ8@200，施工时注意在梁上预留板的钢筋。
2.本套施工图配合建筑、水电图一起施工。
3.沉降观测：本工程应对建筑物在施工及使用过程中的沉降进行观测并加以记录，观测点布置按相关规范。沉降观测由建设单位委托勘测单位承担，观测点的埋设及保护则需施工单位及使用单位给予配合。观测工作由基础施工完成后开始，首层完工后观测一次，待建筑物每升高3层观测一次，结构封顶后第一年内每3个月观测一次，第二年每6个月观测 一次直至沉降稳定为止。各观测日期、数据应记录并绘成图表存档。如发现异常情况应通知设计单位。

八、主要设计规范和规程以及技术规定(本工程施工，尚应按国家部委及地方制定的设计和施工现行标准、规范和规程执行)下列规程、规范和标准如有最新版的应按最新版执行，包含且不限于以下规程、规范和标准，凡与其有关的规程、规范和标准均需执行。当所列规程、规范和标准的规定有不一致时，按较高规定执行。

（1）国标部分

☑ 建筑结构可靠性设计统一标准GB50068—2018
☑ 工程结构可靠性设计统一标准GB50153—2008
☑ 建筑工程抗震设防分类标准GB50223—2008
☑ 建筑抗震设计规范GB50011—2010（2016年版）
☑ 混凝土结构设计规范GB50010—2010（2015年版）
☑ 建筑结构荷载规范GB50009—2012
☑ 高层建筑混凝土结构技术规程JGJ3—2010
☑ 建筑地基基础设计规范GB50007—2011
☐ 建筑地基处理技术规范JGJ79—2012
☑ 建筑桩基础技术规范JGJ94—2008
☑ 预应力混凝土管桩技术标准JGJ/T406—2017
☑ 地下工程防水技术规范GB50108—2008
☑ 建筑设计防火规范GB50016—2014（2018年版）
☐ 人民防空地下室设计规范GB50038—2005
☑ 砌体结构设计规范GB50003—2011
☑ 住宅建筑规范GB50368—2005
☑ 蒸压加气混凝土砌块GB11968—2020
☐ 高层建筑筏形与箱形基础规范JGJ6—2011
☑ 工程结构通用规范GB55001—2021
☑ 建筑与市政工程抗震通用规范GB55002—2021
☑ 建筑与市政地基基础通用规范GB55003—2021
☑ 砌体结构通用规范GB55007—2021
☑ 砌体结构通用规范GB55007—2021
☑ 混凝土结构通用规范GB55008—2021

（2）广东省标准部分

☐ 高层建筑混凝土结构技术规程DBJ/T15—92—2021
☑ 建筑地基基础设计规范DBJ15—31—2016
☑ 静压预制混凝土桩基础技术规程DBJ/T15—94—2013
☑ 广东省绿色建筑设计规范DBJ/T15—201—2020
☐ 建筑地基处理技术规范DBJ15—38—2019
☑ 建筑结构荷载规范DBJ15—101—2014
☐ 锤击式预应力混凝土管桩基础技术规程DBJ/T15—22—2021

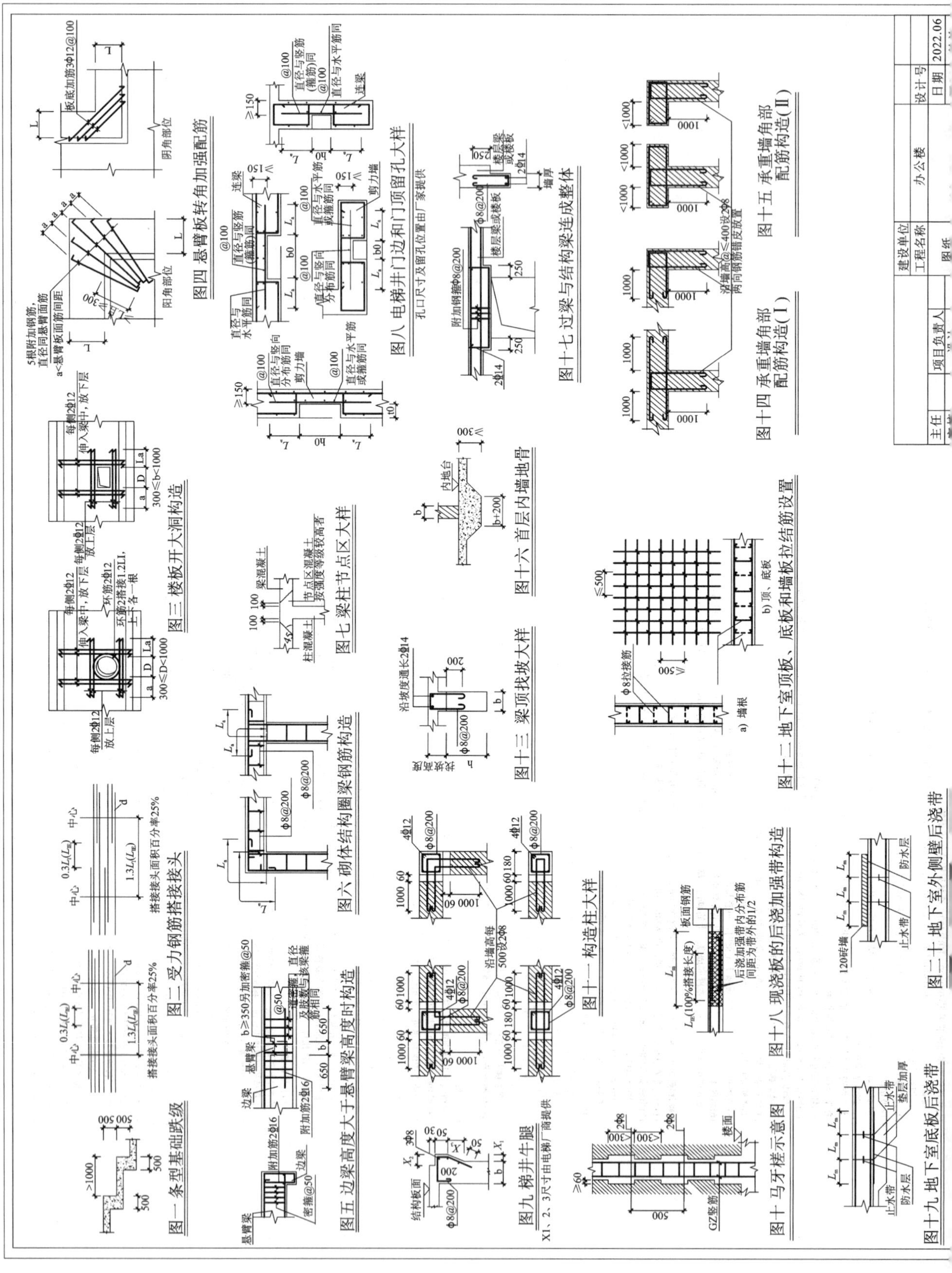
图一 条型基础跌级
图二 受力钢筋搭接接头
图三 楼板开大洞构造
图四 悬臂板转角加强配筋
图五 边梁高度大于悬臂梁高度时构造
图六 砌体结构圈梁钢筋构造
图七 梁柱节点区大样
图八 电梯井门边和门顶留孔大样
图九 梯井牛腿
图十 马牙槎示意图
图十一 构造柱大样
图十二 地下室顶板、底板和墙板拉筋设置
图十三 梁顶找坡大样
图十四 承重墙角部配筋构造(Ⅰ)
图十五 承重墙角部配筋构造(Ⅱ)
图十六 首层内墙地骨
图十七 过梁与结构梁连成整体
图十八 现浇板的后浇加强带构造
图十九 地下室底板后浇带
图二十 地下室外侧壁后浇带
建设单位
工程名称 办公楼
设计号
日期 2022.06
主任
项目负责人
图纸

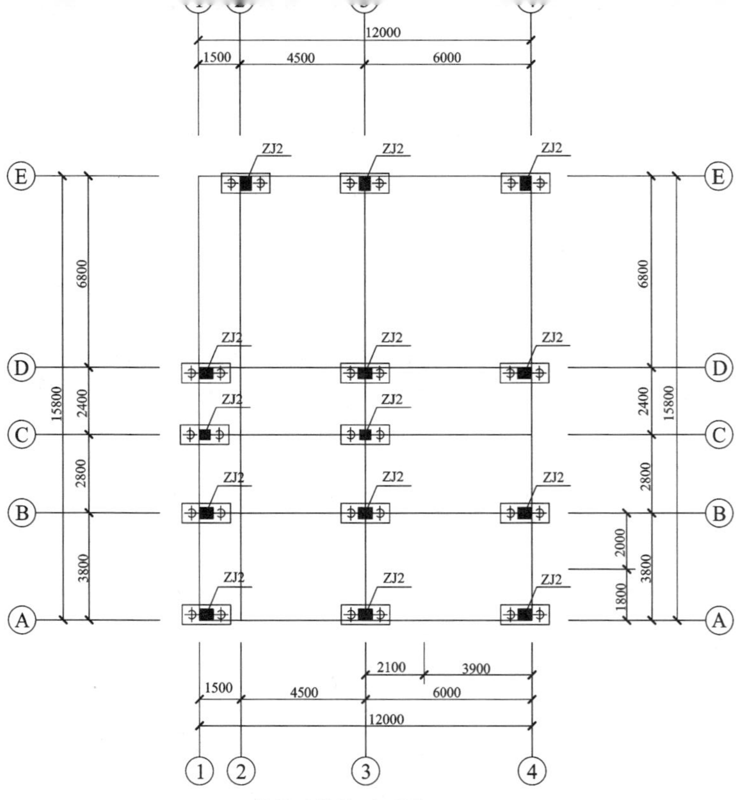

桩基础结构平面图 1∶100

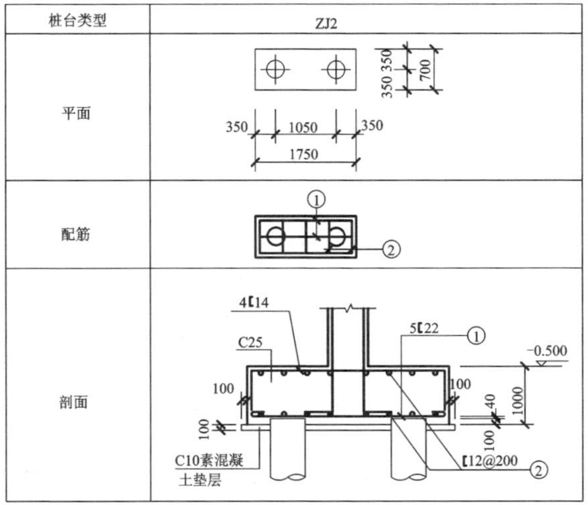

桩基础配筋详图

预应力混凝土管桩设计说明：

1.本工程采用高强顶应力管桩，桩径为400，设计桩长为12 m。桩芯填C30砼，见大样图。

2.本工程管桩采用静压力压桩方式施工，桩的做法见桩表及大样。

桩表

单桩规格及设计要求										桩顶配筋			静压法	
桩号	管桩类别	桩型	桩外径D(mm)	壁厚(mm)	单桩竖向承载力特征值(kN)	单桩竖向抗拔力特征值(kN)	有效桩长H(m)	桩顶设计标高(m)	桩靴类型	插筋 ①	桩顶水平筋 ②	箍筋 ③	终压力值(kN)	复压次数(次)
JA型	PHC	A	400	95	900				B	4Φ16	4Φ12	Φ8@16	2700	5

注：管桩类别按桩身混凝土强度等级分为PC桩及PHC桩：
桩型按抗裂弯矩及极限弯矩的大小分为A型B型及AB型。

桩靴类型

名称		结构图	透视图
A	开口平底式		
B	封底十字刀刃		
C	闭口钝圆锥式		

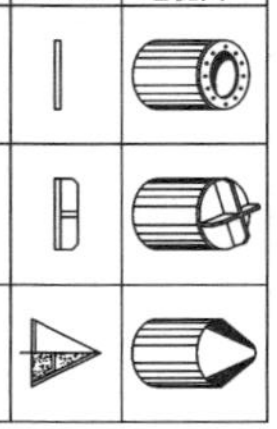

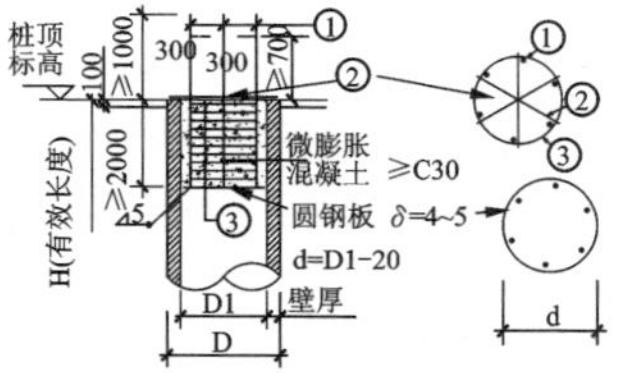

桩顶构造

(注：当承台高不大于900时需如图虚线所示弯折钢筋)

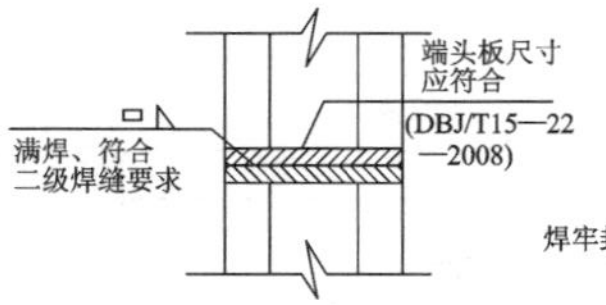

焊接桩接头大样

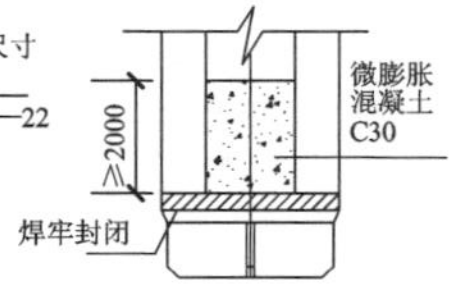

桩头大样

		建设单位			
		工程名称	办公楼	设计号	
主任	项目负责人	图纸内容	桩基础结构平面图 桩基础配筋详图	日期	2022.06
审核	设计			图别	结施
校对	制图			图号	02

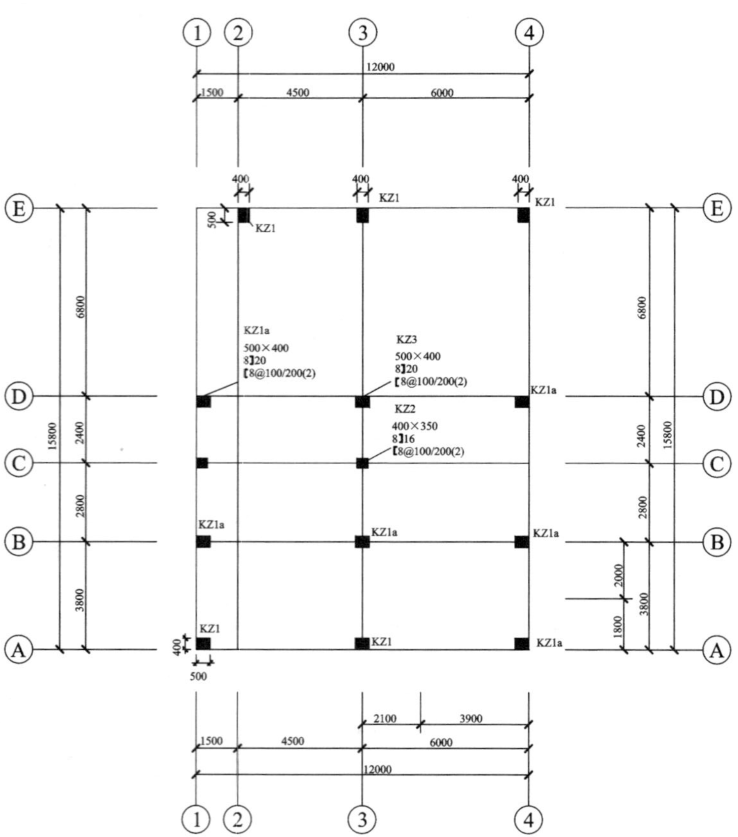

基础~3层柱结构平面图 1：100

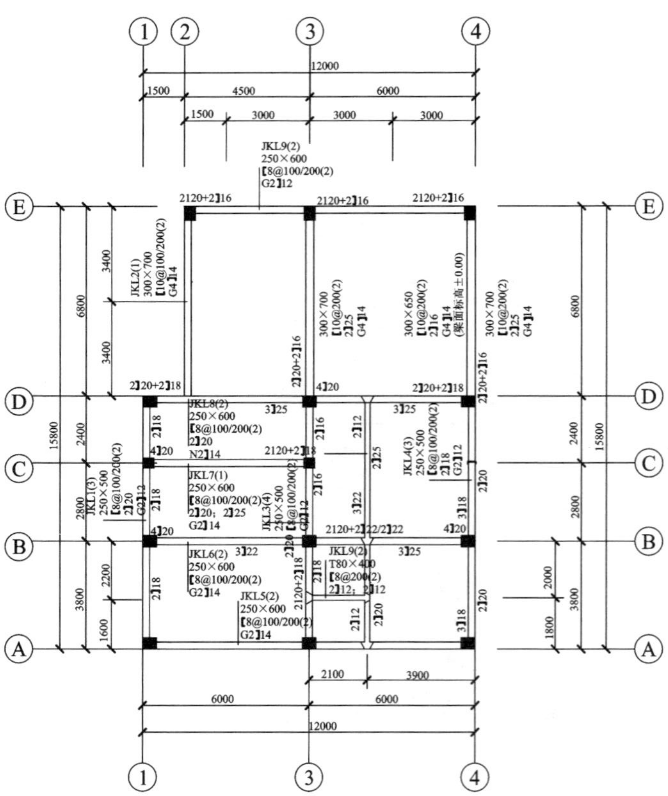

基础梁钢筋图 1：100

说明：
1.本工程基础梁面标高为-0.150，砼等级为C25。
2.主次梁相交处除注明外吊筋均为2⌀14，箍筋均为6Φ8。
3.基础梁底部采用C15细石混凝土垫层100 mm厚，宽出梁100 mm。

结构说明：
1.本工程为三层办公楼，框架结构。设计使用年限为50年，抗震设防烈度为6度，结构抗震等级为三级；桩承台及柱混凝土强度等级为C25。
2.本工程结构设计相关规范按国家建筑设计标准图集22G101—1、2、3(《混凝土结构施工图平面整体表示方法制图规则和构造详图》)执行。
3.本工程土壤类别为三类土。

		建设单位			
		工程名称	办公楼	设计号	
主任	项目负责人	图纸	基础~3层结构柱	日期	2022.06

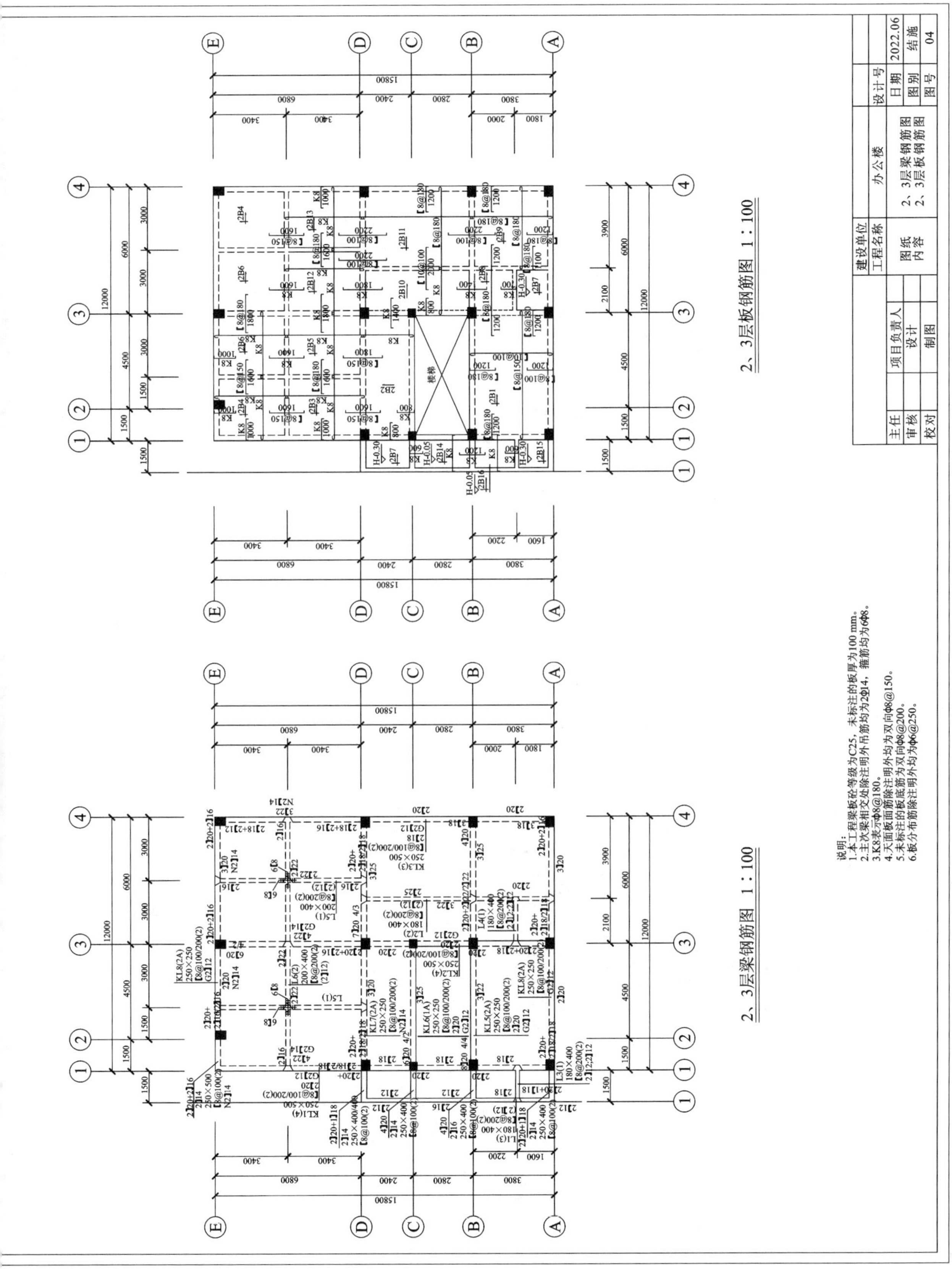
2、3层板钢筋图　1：100
2、3层梁钢筋图　1：100
说明：
1.本工程梁板砼等级为C25，未标注的板厚为100 mm。
2.主次梁相交处除注明外吊筋均为2Φ14，箍筋均为Φ8。
3.K8表示Φ8@180。
4.天面板面筋除注明外均为双向Φ8@150。
5.未标注的板底筋为双向Φ8@200。
6.板分布筋除注明外均为Φ6@250。
建设单位
工程名称　办公楼
设计号
图纸内容　2、3层梁钢筋图　2、3层板钢筋图
日期　2022.06
图别　结施
图号　04
主任
审核
校对
项目负责人
设计
制图

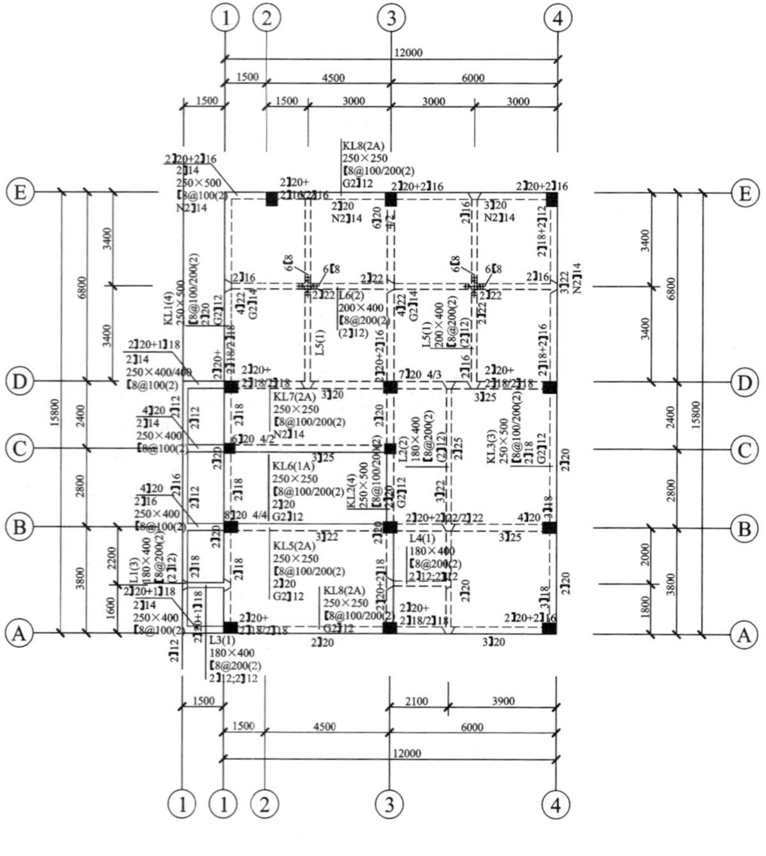

天面层梁钢筋图 1∶100

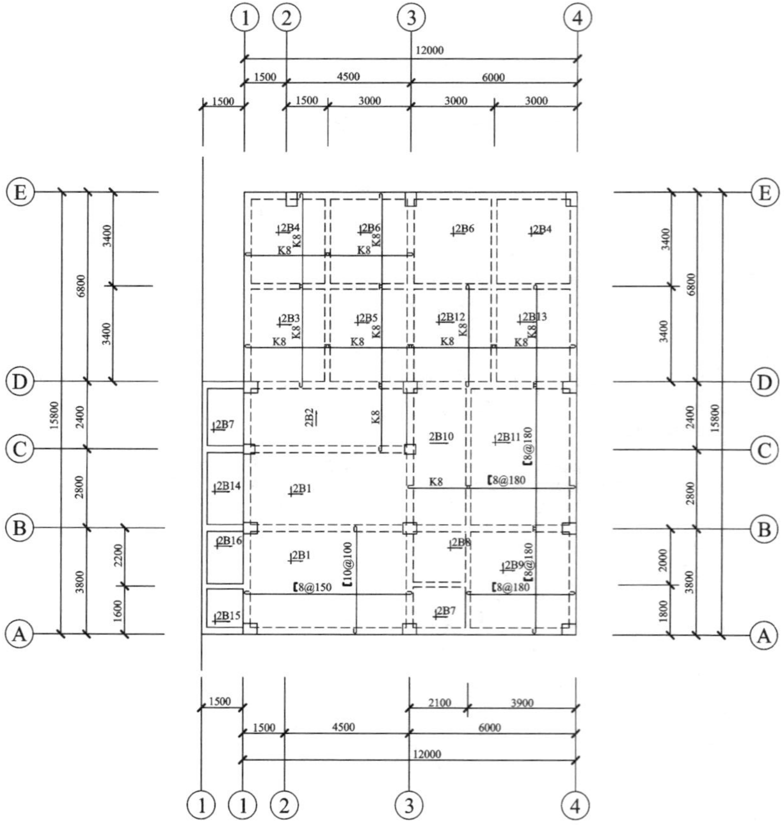

天面层板钢筋图 1∶100

说明:
1.本工程梁板砼等级为C25，未标注的板厚为100 mm。
2.主次梁相交处除注明外吊筋均为2Φ14，箍筋均为6Φ8。
3.K8表示Φ8@180。
4.天面板面筋除注明外均为双向Φ8@150。
5.未标注的板底筋为双向Φ8@200。

		建设单位			
		工程名称	办公楼	设计号	
主任	项目负责人	图纸	天面层梁钢筋图	日期	2022.06

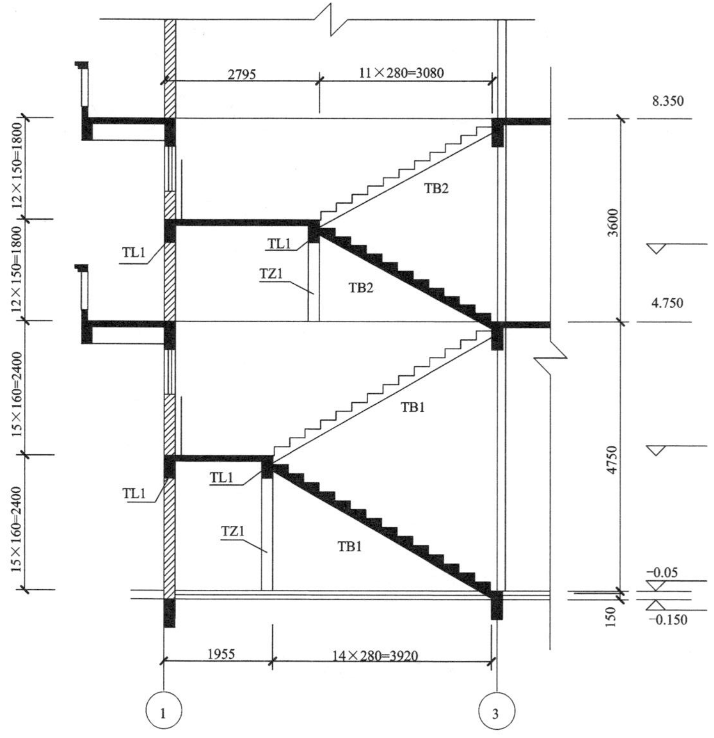

楼梯剖面图 1∶50

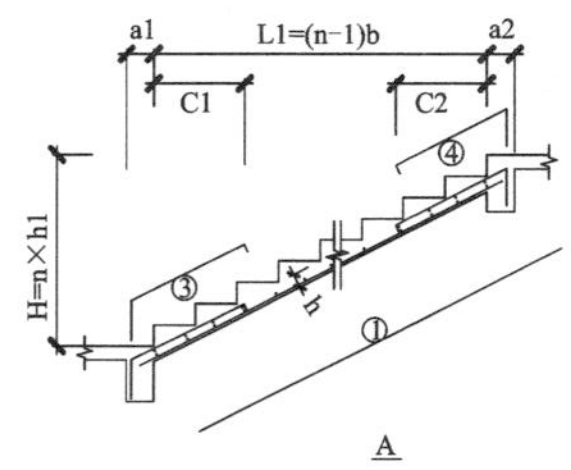

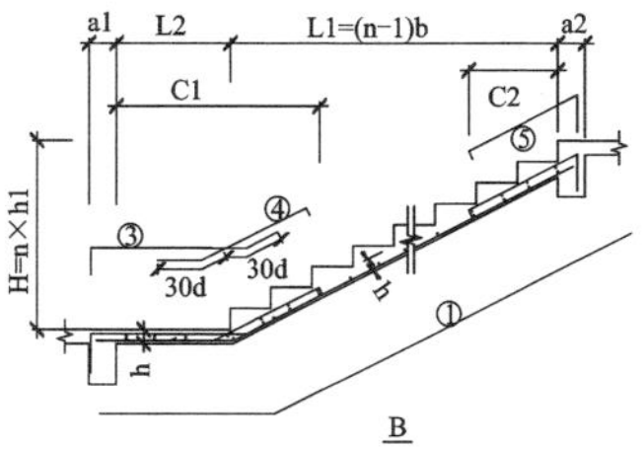

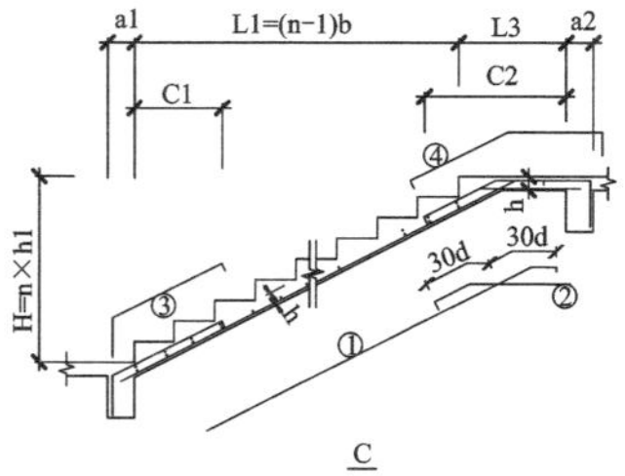

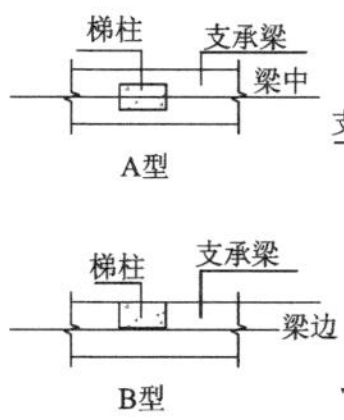

梯柱截面型号示意图

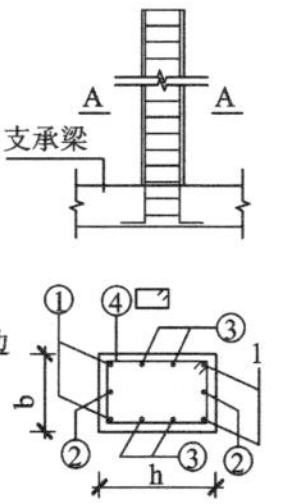

A—A剖面

楼梯表

楼梯编号	梯板编号	梯板型式	板厚h	梯级及梯板尺寸 (n-1)b	L1	n×h1	H	L2	L3	支座宽 a1	a2	底筋 ①	②	支座筋 ③	④	⑤	C1	C2	备注	梯柱编号	截面型号	截面尺寸 b×h	纵筋 ①	②	③	Ld	箍筋 ④	平行于h边轴号
	TB1	A	100	14×280	3920	15×160	2400			180	180	Φ12@150		Φ8@150	Φ8@150		1300	1300		TZ1	A	180×180	4Φ16				Φ8@150	
	TB2	A	100	11×280	3080	12×150	1800			180	180	Φ12@150		Φ8@150	Φ8@150		1200	1200										

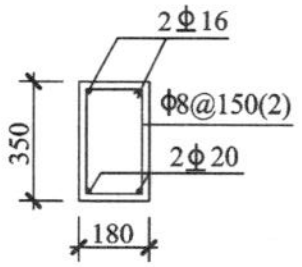

TL1剖面

说明：
1.图中除标高外均以毫米为单位，混凝土强度等级同当前层混凝土等级；钢筋采用HPB300，HRB400。
2.楼梯平法施工图表示法说明详《混凝土结构施工图平面整体表示方法制图规则和构造详图》(22G101—2)。
3.梯板的分布筋均为Φ8@200。

		建设单位			
		工程名称	办公楼	设计号	
主任	项目负责人	图纸内容	楼梯结构详图	日期	2022.06
审核	设计			图别	结施
校对	制图			图号	06